Introduction to Data Mining

数据挖掘教程

李保坤　张丽娟　编著

西南财经大学出版社

作者简介

李保坤，美国新墨西哥州立大学博士，西南财经大学统计学院副教授，应用统计研究所副所长。

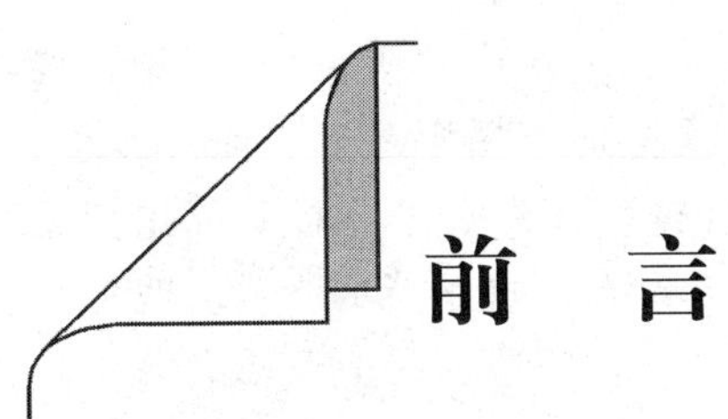

前 言

几年前,全球信息技术领域的领军人物比尔·盖茨在预言未来技术发展时把数据挖掘列为最重要的方向之一。因此,无论你是正在高校攻读的学生,还是在社会上打拼的专业技术人员,只要有一颗学习上进的心,你就不得不关注数据挖掘这一新领域。

数据挖掘是统计学与计算机科学的交叉学科,解释数据挖掘原理及算法术语有的来自统计学领域,有的来自计算机科学领域,对许多学习者来说,数据挖掘的书籍总有一些不适应的感觉。此书将尽量避免很专业化的术语,使用通俗易懂的语言,让具有基础统计学、线性代数以及计算机基本知识的读者就可以理解和学习。为了方便读者能够验证所学习的算法,本书还配有一套数据挖掘软件——西南财经大学数据挖掘系统。

笔者在美国新墨西哥州立大学留学期间开始系统学习数据挖掘。作为学习过多门计算机科学研究生课程的数理统计学专业博士研究生,理解数据挖掘的原理应是非常容易的,但苦恼的是很难找到合适的软件来验证这些原理的实际应用效果。著名数据挖掘商用软件为了显示自己的"强大"或"专业",有的把一些研究人员已经验证不合理的方法硬塞了进来以充数;有的把数据粗略化以便加快速度;有的为了单一挖掘目的而牺牲其他功能;等等。而且功能全面且界面友好的免费软件因为编程困难且费时费力,普通的数据挖掘研究人员难以制作,导致在网络上难以找到。为了消化所学习过的数据挖掘算法并应用,为数据挖掘的后学者提供帮助,笔者自己动手使用 VBA 编写了一套在微软 Word 上运行的数据挖掘插件 EASY MINER。现已经较好地用于西南财经大学数据挖掘课程的教学之中。

EASY MINER 受到学生和老师的普遍欢迎。同学们不仅在上数据挖掘课时通过这个软件理解数据挖掘原理,而且用它在课后作科研论文所需的数据分析和参加建模竞赛的练习。为了让更多的人能够轻松学习和理解数据挖掘原理并应用,我们把 EASY MINER 的功能模块重新用 VS. NET 实现出来。在此过程中，北京工业大学继续教育学院张丽娟老师（中国地质大学博士）补充了一些数据挖掘算法，对已有的算法进行了优化处理并增加了图形显示模块。另外，该软件还结合了 SAS EM、微软 SQL Server 挖掘和马克威数据分析系统中挖掘功能的一些优点，使改进后的 EASY MINER 与以前相比有了新的飞跃。我们把它重新命名为西南财经大学数据挖掘系统。

这本书的文字内容主要参考了美国麻省理工学院的数据挖掘开放讲义、国外许多大学老师关于数据挖掘课程的教学资料以及网络上对有关算法的介绍材料。书中使用的数据均来自统计学教材或数据挖掘教材中使用的标准数据，数据分析结果和图形展示由我们自己制作的西南财经大学数据挖掘系统软件生成。如果读者希望更深入地了解数据挖掘知识，或下载有关资料，请访问作者本人的数据挖掘学习网站：http://bali.cai.swufe.edu.cn/dm.htm。在此希望读者通过这本书和软件而大大增进学习效率。

随着数据挖掘算法的不断发展，我们将适时根据其发展变化修订本教材以及和本教材配套的西南财经大学数据挖掘系统。由于作者才疏学浅，本书的错误疏漏之处肯定不少。因此恳请各位统计学、计算机科学、数学等有关领域的读者不吝赐教。同时也恳请学习者将使用本教材的建议和意见及时反馈给我，对此我表示衷心的感谢。

李保坤　博士
2009 年 6 月 18 日
于西南财经大学

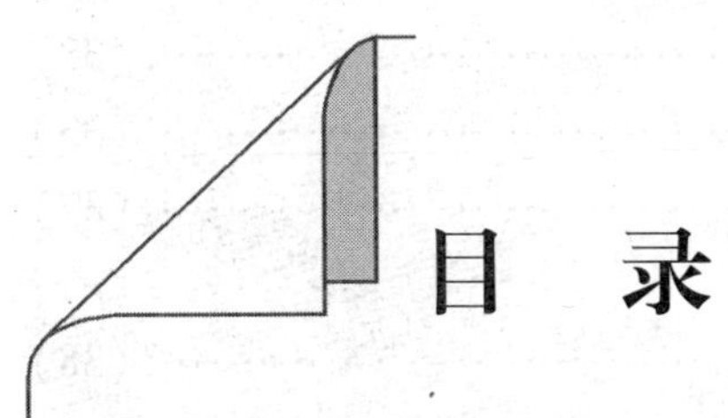

目　录

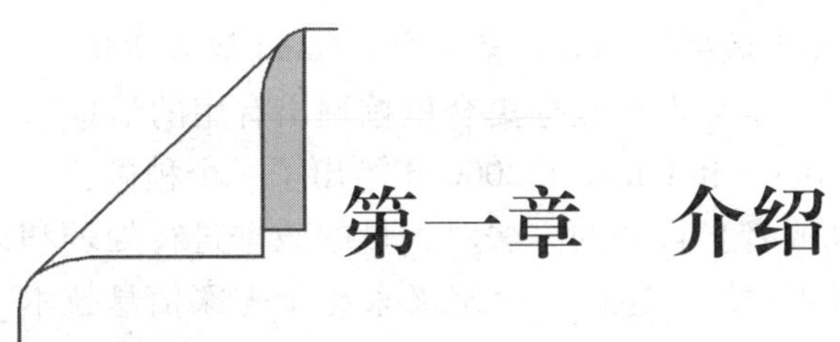

第一章 介绍

1.1 这本书的读者对象

数据挖掘通常要涉及统计和机器学习(或者叫做人工智能)方面的算法。如果作者的目的只是让读者掌握数据挖掘的技术和工具的话,这类书籍因为缺乏详细的解释,因此对读者的指导作用就不会太强。另外也有许多关于数据挖掘算法比较专业的书籍,它们的对象是统计研究人员或者高年级的研究生,里面没有具体的商业案例分析,因此一般的读者会觉得太涩。有鉴于此,我们在写作此书时内容上主要突出了以下两个特色:

(1)介绍分类、预测、数据精简等数据挖掘核心技术的基础理论和算法;

(2)采用商业案例说明这些算法的使用。

另外,这本书在形式上和普通的书籍有一个显著的区别:它配备了一套演示各种算法的软件——西南财经大学数据挖掘系统,供读者理解数据挖掘思想、算法以及进行数据挖掘练习。本书使用的数据全部放在商业分析人士所熟悉的 EXCEL 电子表格里(此外,软件还可处理文本文件、sas 的. dat 格式文件、ACCESS 数据库文件),引入的案例浅显易懂,所介绍的数据挖掘算法均可使用软件实现。本书的对象是学习数据挖掘技术的商学院学生和在商业部门的实际操作人员。虽然写作这本书的目的是为了满足学生学习数据挖掘思想和技术的需要,那些在实际工作中使用数据挖掘的分析人员和咨询人员也会发现这是一本很好的入门教材。

1.2 什么是数据挖掘

数据挖掘是一个相当新的领域,目前还处于演变之中。最早的关于数据挖掘的国际会议于1995年举行。关于数据挖掘有许多定义。Hand等人2001年给出的一个简明定义:“数据挖掘就是从大型数据集合里挖掘出有用的信息”,可说是抓住了数据挖掘的本质。Berry和Linoff于2000年给出了一个稍微长一点的定义:“数据挖掘是通过自动或者半自动的方法对大量的数据进行处理和分析以便发现有意义的模式或者规律”。还有一个定义来源于一家信息技术研究公司——加特那集团:“数据挖掘是从大量的存储数据里进行筛选,采用模式识别技术以及统计和数学技巧,发现有意义的新的相互关系、模式以及趋势的过程。”

1.3 数据挖掘的用途

数据挖掘可用于许多领域。部队可使用数据挖掘技术了解各种因素对炸弹落点的准确度影响;情报机构可以利用它决定在大量被截获的情报中哪些是有价值的;网络安全专家可以使用它决定一段网络代码是否有破坏性;医疗研究人员可以使用数据挖掘方法预测癌症复发的可能性。尽管数据挖掘的方法和工具具有广泛的适用性,但是考虑到这本书的许多读者是商学院学生,我们在选择案例时倾向于商业领域的应用。人们应用数据挖掘方法所希望解决的一些普通的商业问题有:

(1)大量的潜在顾客里面哪些人最可能成为买家

我们使用分类技术(如Logistic回归、分类树以及其他方法)可以挑选出其特征数据和目前的最佳顾客以及最为近似的顾客。同时我们还可以用预测技术预测他们会花多少钱。

(2) 哪些客户将来最可能搞欺诈活动(或者已经搞了欺诈)

我们可以利用分类技术识别出哪些更可能涉嫌欺骗医疗补助申请,并对这些申请多加关注。

(3)哪些贷款申请人可能搞欺骗

我们可以用一些分类技术识别出有欺骗倾向的贷款申请人或者用Logistic回归的方法为申请人算出一个“欺骗概率”值,即对每一个申请人我们都可以计算出其搞欺骗的可能性。

(4) 哪些客户更可能会放弃订购服务(如电话、杂志等)

对此我们也可以用分类技术识别出放弃订购服务的客户来,或者用Logistic回归的方法为客户算出一个“流失概率”值。这样的话,一些对客户的鼓励措施,如折扣等就会被用到最需要的地方。

1.4 数据挖掘的起源

数据挖掘处于统计学和机器学习(也被称为人工智能)领域的交叉点上。处理数据和建模的许多方法在统计学领域早就存在——例如线性回归、Logistic回归、判别分析以及主成分分析。但是,经典统计学的两个核心难点——计算复杂并且数据稀少——在数据挖掘里就不存在,因为在数据挖掘的应用中数据量大,并且目前的计算机计算能力超强。

正因为此,Daryl Pregibon 把数据挖掘描述为“建立在规模和速度上的统计学”。有人把这一说法进行了推广:数据挖掘是“建立在规模、速度和简单化上的统计学”。在此简单并不完全是指算法上的简单,更多的是指推理逻辑上的简单。在经典统计学环境里因为数据少,同一个样品既被用于作估计,也被用来决定估计值的可靠程度。这使得许多人对置信区间和假设检验的思想感到不易理解,关于它们的限制条件也不好领会。与此对照,数据挖掘用一个样本进行模型拟合,用另一个样本进行拟合评估的做法就较容易被人理解。

计算机科学为我们提供了机器学习技术,例如分类树和神经网络。它们依赖超强的计算力而不需按照经典统计模型的方式求解。另外,数据库管理功能的扩张也是数据挖掘诞生的一个因素。

经典统计学理论里强调的东西(例如:判定一个模式或者一个感兴趣的结果是否是随机的)在数据挖掘中就不是问题。和统计学作个比较,数据挖掘处理的是以无限制方式存放的大量数据的数据集合,不可能对需要解决的问题施加统计理论所需的严格限制。

因为计算能力的过于强大,数据挖掘的一些方法容易产生“过度拟合”危险。过度拟合指的是现有样本跟一个模型拟合太过,以至于模型不仅描述了数据的根本特性,而且也描述了其随机特性。按工程上的术语指这个模型不光是拟合信号,还拟合噪声。

1.5 术语和注释

数据挖掘是几个领域结合的产物,作挖掘的人通常用好几个术语来指示同一个东西。例如,在机器学习领域,被预测的变量是输出变量或者目标变量。对于统计人员,被预测变量是因变量。下面是一些常用的数据挖掘术语:

“算法”指的是用于实现某一数据挖掘技术——如分类树、辨识分析等的特定程序。

“属性”也被称为“特性”、“变量”、或者从数据库的观点，是一个“域”。

“个体”是关于一个单元的测量值的集合——例如一个人的身高、体重、年龄，等等；它也被称作“记录”或者“排”（每一排通常代表一个记录，每一列代表一个变量）。

“置信度”在形如“如果买了 A 和 B，就要买 C”的关联法则里有特定的含义。置信度是已经买了 A 和 B，还要买 C 的条件概率。在统计学里，关于估计值的误差大小，置信度有更广泛的含义。

“因变量”在有约束学习里是那个被预测的变量；也被称作“输出变量”、“目标变量”或者“结果变量”。

“估计”指的是预测一个连续型输出变量的值，也被称作“预测”。

“特征”也被称作“属性”、“变量”或者从数据库的观点，称为“域”。

“输入变量”是在有约束学习里作预测的变量，也被称作“自变量”、“预测变量”。

“模型”通常指的是一个数学公式，包括为它设置的参数（许多模型具有用户可以调节的参数）。

“结果变量”在有约束学习里是那个被预测的变量，也被称作“因变量”“输出变量”、“目标变量”或者“输出变量”。

“P(A|B)”读作“已知 B 已经发生，A 将发生的概率”。

“预测”指的是预测一个连续输出变量的值，也被称作“估计”。

“记录”是关于一个单元的测量值的集合——例如一个人的身高、体重、年龄，等等；它也被称作“个体”或者“排”（每一排通常代表一个记录，每一列代表一个变量）。

“分数”指的是一个估计的值或者类。

“给新数据打分”的意思是利用训练数据得出的模型预测新数据里的输出值。

“有约束学习”指的是用已有记录得到算法（逻辑回归、回归树等）的过程。在这些记录里人们感兴趣的输出变量是已知的，这个算法“学习”如何预测新记录里输出变量的值，这些值在新纪录里是没有的。

“测试数据”指的是只在模型建立和选择的过程的末期，用于评价最终模型对新数据的处理效果的那部分数据。

“训练数据”指的是用于拟合模型的那部分数据。

“验证数据”指的是用于评价模型拟合状况、调整模型、选择最佳模型的那部分数据。

“无约束学习”指的是人们试图从数据中了解一些东西的分析，而不是预测感兴趣的输出值(例如输出结果是否属于某个聚类)。

“变量”也被称为“特性”、“属性”或者从数据库的观点,是一个“域”。

1.6 数据集合的组织

数据集合几乎总是以变量为列,记录为行的形式组织和显示的。下面的例子(波士顿住房数据,见图1.1)记录了一些人口统计区的14个变量。每一行代表一个人口统计区。例如第一区的人口平均犯罪率(CRIM)是0.027 29,房屋面积超过25 000 平方英尺(1 平方英尺≈0.09 平方米,下同)以上的家庭数(ZN)是0,等等。在做有约束学习的时候,这14个变量中有一个变量是结果变量,通常列在最后或者最开头(在本例中,结果变量是列在最后的中间值)。

	A	B	C	D	E	F	G
1	CRIM	ZN	INDUS	CHAS	NOX	RM	AGE
2	0.02729	0	7.07	0	0.469	7.185	61.1
3	0.08829	12.5	7.87	0	0.524	6.012	66.6
4	0.14455	12.5	7.87	0	0.524	6.172	96.1
5	0.17004	12.5	7.87	0	0.524	6.004	85.9
6	0.63796	0	8.14	0	0.538	6.096	84.5
7	0.7842	0	8.14	0	0.538	5.99	81.7
8	0.7258	0	8.14	0	0.538	5.727	69.5
9	1.23247	0	8.14	0	0.538	6.142	91.7
10	0.98843	0	8.14	0	0.538	5.813	100
11	0.75026	0	8.14	0	0.538	5.924	94.1
12	0.67191	0	8.14	0	0.538	5.813	90.3
13	1.35472	0	8.14	0	0.538	6.072	100
14	1.38799	0	8.14	0	0.538	5.95	82

Sheet1

图1.1 波士顿住房数据

1.7 数据挖掘迅速发展的因素

或许推动数据挖掘发展的最重要的因素是数据的增长。2003年零售业巨无霸沃尔玛在一个10兆兆位(Terabyte)的数据库里显示出每天达成2千万笔交易。而在1950年,最大的几家公司的数据以电子表格的形式也只占用几十兆位(1 Terabyte = 1 000 000 Megabyte)。

数据本身的增长并不是简单地由经济和知识库的扩张驱动的,而是由数据自动存取装置的大量增加以及这些装置的成本降低造成的。不仅更多的事件被记录,而且每一个事件有更多的信息被捕捉下来。可扫描的条形码、销售点标记、鼠标点击历史和全球定位卫星的数据都是这方面的例子。互联网的增长制造了许多新的信息源。目前人们可以在互联网上搜索图书、定购货品并且其详细情况均可记录下来。在营销领域,从注重商品和服务到注重客户及其需要的转变产生了对客户详细信息的需求。

用于记录客户交易以辅助日常商业活动的实用数据库可以处理简单的查询,但却不足以进行较复杂的综合分析。这些可操作数据库的数据因此被挖掘、转换并被送到一个数据仓库(或者称为数据加工厂)——一个把企业的决策系统结合在一起的大型综合数据存储系统。该系统可以连接一些完成单一任务的较小的数据店(Data Mart),这些数据店可以存储外部信息资源的数据(如信用等级数据)。

数据挖掘使用的许多处理和分析技术目前没有强大的计算能力是不可能实现的。数据存取器件成本的不断下降使得建造存储和产生大量数据的装置成为可能。总而言之,计算能力方面的持续迅速的改进是数据挖掘发展的一个基本动力。

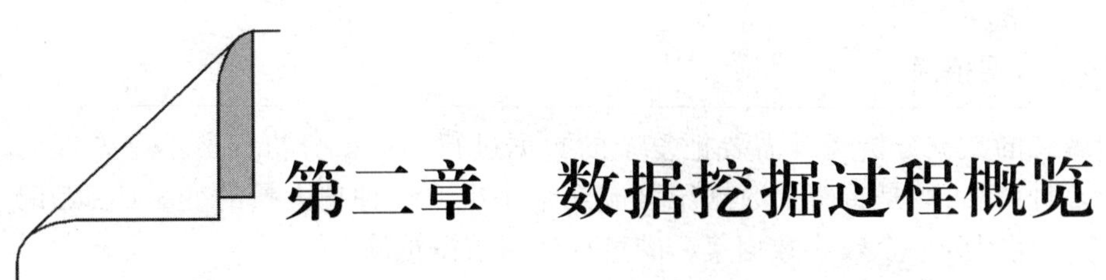

第二章　数据挖掘过程概览

2.1　数据挖掘的核心思想

2.1.1　分类

分类或许是数据分析最基本的形式。一份工作录用通知的接收者可能接收也可能拒绝这份工作;一项贷款的申请人可能会把钱准时还上,也可能过期还上或是宣告破产;一笔信用卡交易可能是正常的也可能是欺诈性的;在网络上下载的一段代码可能携带病毒也可能不携带病毒;一种疾病的患者可能康复,也可能继续在病中或者病死。数据挖掘的一项基本任务就是用类别已知的数据找出规则,然后把这些规则用在未进行分类的数据上。

2.1.2　预测

预测和分类相似,差别在于我们是预测一个变量的数值,而不是一个类别(比如购买者或者非购买者)。当然,在分类时我们试图去预测一个类别,而"预测"这个术语在这本书里指的是预测一个连续变量的数值。(在数据挖掘书籍中,"估计"有时被用来表示预测一个连续变量的值,"预测"既可以用于连续变量的数据,也可以用于类型变量的数据。)

2.1.3　关联分析

有了储存客户交易信息的大型数据库自然就产生了对购买物品进行的关联分析(哪种物品和哪种物品是搭配着买的)。通过关联分析得到的"关联法则"然后以多种方式被利用。例如,百货商店可以利用关联法则在扫描了一个顾客的采购单后印制优惠券,优惠券上打折扣的商品是由通过分析大量顾客的采购单得到的关联法则决定的。

2.1.4 数据精简

敏感的数据分析经常需要把复杂的数据进行精简。分析人员不是处理成千上万种商品,而是希望把数据压缩成几个小组。这种把大量的变量(或者记录)合并而得到一个较小数据集合的过程就叫数据精简。

2.1.5 数据探索

除非我们的数据项目目标是回答事先定下的一个问题(在这种情况下,话题已经转移到了统计分析的领域而不是数据挖掘),项目的一个重要部分就是审查和检验数据以了解它包含什么信息,就像一个侦探审查一个犯罪现场一样。在此为全面了解数据需要减少数据集合的大小或者维数以便让我们看见森林而不是只看见树木。相似的变量(即提供类似信息的变量)可以合并到一个变量。类似地,聚类分析可被用于把所有记录划分到由相似记录构成的几个组里。

2.1.6 数据显示

了解数据包含信息的另一个技术是图形分析。例如,两个变量之间的散布图可以让我们迅速地看到变量之间的关系。以下采用波士顿住房数据来说明散布图所包含的信息。在这个数据集合里,每一行是一个城市居住区(或者人口统计区)的各项数据,每一列是一个变量(犯罪率、师生比率等)的数据。

假如我们感兴趣的是居住区房屋的中间值(MEDV)和犯罪率(CRIM)之间的关系,我们用 X 轴表示犯罪率(CRIM),用 Y 轴表示中间值(MEDV),从而可得到一个散布图 2.1。类似地,如果我们对房屋的中间值(MEDV)和低收入家庭比率(LSTAT)之间的关系感兴趣,我们用 X 轴表示低收入家庭比率(LSTAT),用 Y 轴表示中间值(MEDV),从而可得到一个散布图 2.2。

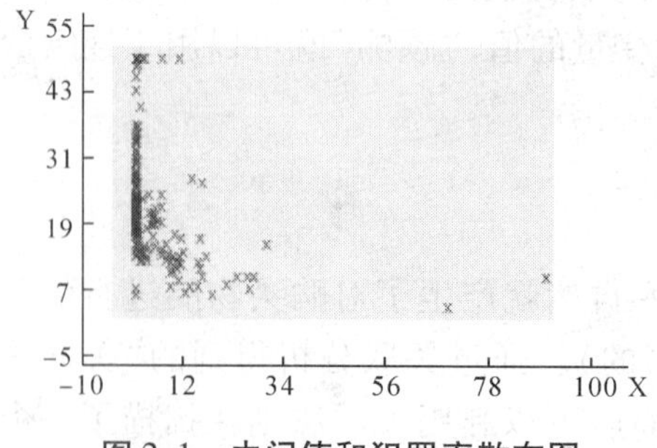

图 2.1 中间值和犯罪率散布图

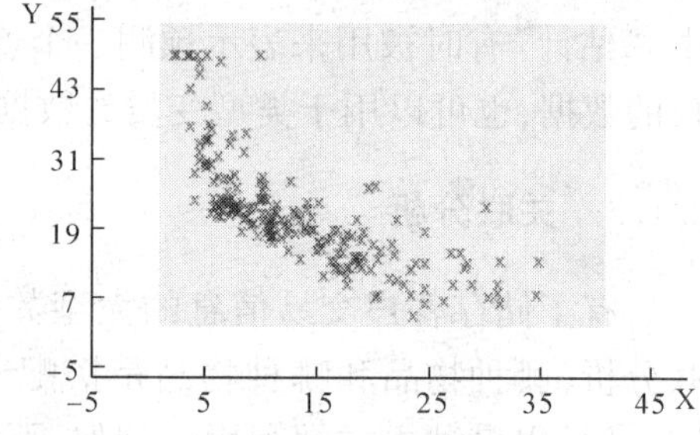

图 2.2 中间值和低收入家庭比率散布图

从这两个图上,我们发现一个居住区里犯罪率越高或者低收入家庭越多,房屋的中间值就越低。这个结果和我们的常识是一致的。当图形结果和我们的常识不一致时，我们做结论就要多加谨慎。

当我们用 X 轴表示非零售业务比率(INDUS)，用 Y 轴表示犯罪率(CRIM)，由相应数据得到散布图 2.3 里，我们会发现所有高犯罪率似乎和非零售业务比率(INDUS)的一个值有关。这似乎很荒谬。对该数据的进一步检查发现非零售业务比率的每一个特定值都是几个居住区共享的，这表明非零售业务比率是在比人口普查居住区更大的区域得出的。高犯罪率非常显著地和某一特定非零售业务比率值联系到一起表明那几个具有极高犯罪率的居住区基本上位于这样一个较大的区域。

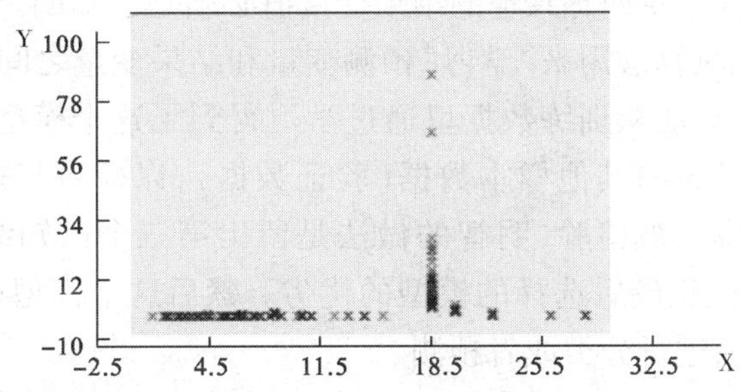

图 2.3　非零售业务比率和犯罪率的散布图

附：画散点图步骤

打开数据集合后，选择“无约束学习”菜单，然后选择“画散点图”子项，数据显示界面弹出。图 2.4 是该界面一个例图。在右边“选择 X 轴变量”和“选择 Y 轴变量”标签的下面是两个多项选择框，这两个框里列出了数据集合的所

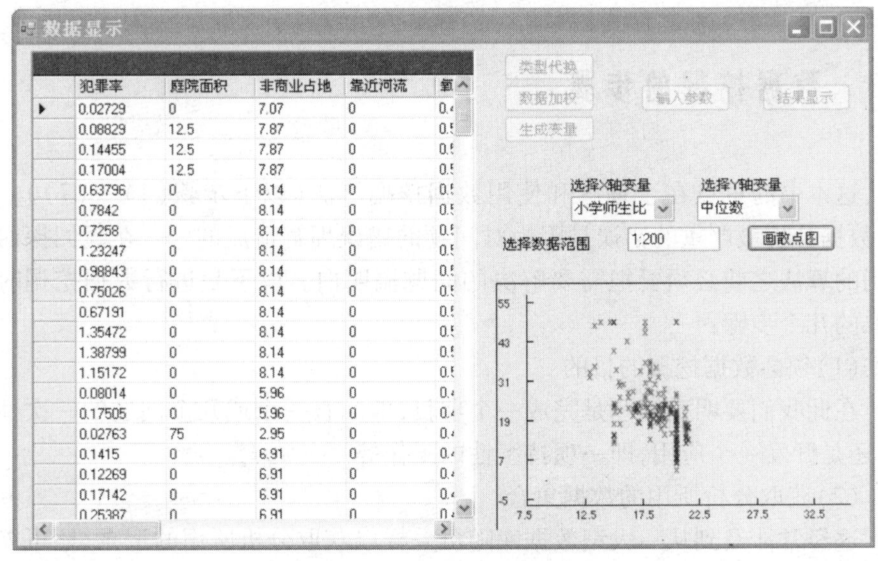

犯罪率	庭院面积	非商业占地	靠近河流
0.02729	0	7.07	0
0.08829	12.5	7.87	0
0.14455	12.5	7.87	0
0.17004	12.5	7.87	0
0.63796	0	8.14	0
0.7842	0	8.14	0
0.7258	0	8.14	0
1.23247	0	8.14	0
0.98843	0	8.14	0
0.75026	0	8.14	0
0.67191	0	8.14	0
1.35472	0	8.14	0
1.38799	0	8.14	0
1.15172	0	8.14	0
0.08014	0	5.96	0
0.17505	0	5.96	0
0.02763	75	2.95	0
0.1415	0	6.91	0
0.12269	0	6.91	0
0.17142	0	6.91	0
0.25387	0	6.91	0

图 2.4　变量散布图界面

有变量。通过选择有关的变量作为X轴变量和Y轴变量即可得到所需的散点图。例如,X轴变量选“小学师生比率”,Y轴变量选“中位数”即得到图2.3。

2.2 有约束学习和无约束学习

各数据挖掘技术之间的一个基本区别在于是否采用了有约束学习方法。

有约束学习的算法用在分类和预测上。使用有约束学习数据挖掘技术进行分析的数据集合里我们感兴趣的结果变量值必须是已知的。这些数据(训练数据)是分类和预测算法用来“学习”预测变量和结果变量之间的关系(或者称为模型)的。一旦算法从训练数据里通过学习得到了这个模型,它就被用在数据的结果变量值已知的其他样本数据(验证数据),以检验其是否比其他模型好。如果有许多模型被检验,明智的做法是留出第三个已知结果的样本数据(测试数据)用于检验最后选择的模型的优劣。然后这个模型可以用来对结果变量未知的新记录进行分类或者预测。

简单线性回归是一个有约束学习(尽管在统计学基础课程里你最早遇到它时很少被这样提到)的例子。变量Y是(已知的)结果变量。画出的回归线使得实际的Y值和这条线上的预测值之间偏差的平方和最小。对于我们不知道Y值的新的X值,可以用这条回归线去预测Y值。

无约束学习算法是在没有结果变量去预测或者分类时的算法。关联分析、数据精简和聚类技术都是无约束学习方法。

2.3 数据挖掘的步骤

这本书的重点在于理解和使用数据挖掘算法(以下步骤(4)~(7))。然而,数据分析最严重的错误是因为对问题的错误理解造成的——在我们探讨要使用的算法之前必须要把需要解决的问题搞明白。以下是进行数据挖掘时要采取的几个步骤:

(1)领会数据挖掘的目的

在此我们要明确问题是完成一个项目,即回答一个或几个问题的一次性工作,还是开发一个应用,即一项持续性的工作等。

(2)获取分析所用的数据集合

这经常涉及到从一大型数据库随机采样以获取分析所用的记录,还可能需要把几个数据库的数据合并到一起。这些数据库可能是单位内部的(例如顾客以前的采购记录)或者是单位外部的(例如信用等级)。虽然数据挖掘处理的是大型数据库,通常所作的分析只需要数千或数万个记录。

(3)探索、清理和预处理数据

这是为了确保数据的状态完好。数据缺失怎么办?对于每一个变量其数值是否在合理的范围之内?有没有明显的异常值?对此可以通过数据的综合统计量、分布图形以及显示许多变量两两之间的关系的散点图等发现问题。另外我们还需要保证变量的测量单位、时间等定义的一致性。

(4)精简数据以及数据分块

在此要消除不必要的变量,根据需要作变量变换(例如,把一个数值变量"现金支出"变换成取值"支出>100元"和"支出≤100元"的类型变量)以及创建新变量。要保证理解每一个变量的含义以及把它包括在模型里是否敏感。当算法涉及到有约束学习时,我们要把总的数据集合分成训练、验证和测试数据三个子集合。

(5)决定数据挖掘任务(分类、预测、聚类,等等)

这涉及把第一步的总问题转变成一个更为专门的统计问题。

(6)选择要使用的数据挖掘技术(回归、神经网络、分类和回归树,等等)

(7)使用算法解决问题

这是一个典型的循环过程——尝试多个算法及其变化,在此同一个算法的变化指的是在这个算法里选择不同的变量或者参数。如果对尝试的结果满意的话,就把模型用在验证数据上,由此得到的对这个模型的反馈可用于优化模型的参数设置。

(8)解释算法的结果

当我们选择一个最好的算法进行实际应用前,如果可能的话,要用测试数据测试这个最后选定的算法以观察其工作效果如何。这一过程是有必要的。因为每一个算法都可以用验证数据进行验证以便加以改进,这样的话验证数据就是拟合过程的一部分。所以从验证数据上得到的误差有可能低估最终模型实际应用中的误差。

(9)模型投入使用

这就是把模型装到工作系统上并用于真实数据以产生决策或者行动。例如,把模型用于某产品的潜在顾客名单,行动可能是"如果预计的购买额大于60元就给某顾客送广告邮件"。

在这本书里我们把重点放在步骤(3)到步骤(8)。

2.4 SEMMA

以上的步骤包括了 SEMMA 的各步骤,SEMMA 是 SAS 发展的数据挖掘建模方法,它包括以下的步骤:

采样(Sample):从数据集合里采样,并把数据集合划分为训练、验证和测试各数据集合。

探索(Explore):用统计方法或者图形方法探索数据集合。

调整(Modify):转换变量,删除和替换有缺失值的记录。

建模(Model):拟合预测模型,例如采用回归、树、协同滤波。

评估(Assess):用验证数据集合比较模型。

另外,SPSS - Clementine 挖掘软件也有和 SEMMA 类似的方法,称作数据挖掘跨行业标准过程(CRISP - DM, Cross - Industry Standard Process for Data Mining)。

2.5 预备阶段

2.5.1 数据库采样

数据挖掘经常是在数据库的部分记录上作的。数据挖掘算法在它们能处理的记录和变量的数量上有不同的限制,这些限制可能是缘于计算能力或者容量以及软件。即使在限制的范围以内,许多算法都是数据越少执行得越快。

从统计的观点看,有几百个记录就能建立精确的模型。因此我们经常要从数据集合中进行采样以建立模型。然而,如果我们感兴趣的事件(例如,顾客看了广告邮件去买广告上的东西)是很少发生的,简单随机采样可能会造成感兴趣的事件(购买)太少以至于我们几乎得不到有关信息的情况。在此我们得到的数据里不购买产品的顾客太多,而购买产品的顾客太少,这样难以建立有效区别购买者和非购买者的模型。在这种情况下,我们希望采样过程更注重那些购买者。例如,假定购买率是 1%,我们想得到有 1000 个记录的样本。不加权重的采样期望会产生大约 10 个购买者;如果一个购买者被选中的概率是一个非购买者被选中的概率的 99 倍,那么样本选中的购买者和非购买者的比例就会大致相当。

2.5.2 预处理和清理数据

(1)变量的类型

有几种为变量类别定义的方法。变量可以是数字或者是文字(字符)。它们可以是连续变量(能够取任何实数值,通常在一个范围内)、整数变量(只能取整数值)或者类型变量(取有限的几个值之一)。类型变量可以取数值(1,2,3)或者文字(例如当时支付、延后支付、破产)。类型变量还可以是无序的(北美洲、欧洲、亚洲)或者有序的(低、中、高等)。虽然现在的绝大多数数据分析软件都能处理文字信息,但最好还是尽可能把文字信息转化为数字编码。

(2)变量选择

当为一个模型选择变量时,变量并不必然越多越好。在其他特性差不多的情况下,变量少是模型所希望的特性。一方面,更多的变量被包括进来,将需要更多的记录来评价变量之间的关系。15 个记录可能足够让我们大致了解一个结果变量 Y 和单一自变量 X 之间的关系。现在如果想要了解 Y 和 15 个自变量 $X_1, \cdots, X_{15}$ 之间的关系,15 个记录是不够的(每一个估计的关系平均只有一条记录的信息来支持,得出的估计非常不可靠)。

(3)过分拟合

另一方面,我们包括的变量越多,过分拟合该数据的风险就越大。那么过分拟合是什么呢?考虑以下关于一段时间的广告开支和此后一段时间销售额的数据,如表 2.1。

表 2.1　　广告费用和对应的销售额

广告费用	销售额
239	514
364	789
602	550
644	1386
770	1394
789	1440
911	1354

广告支出和销售额数据的 X－Y 散点图如图 2.4。

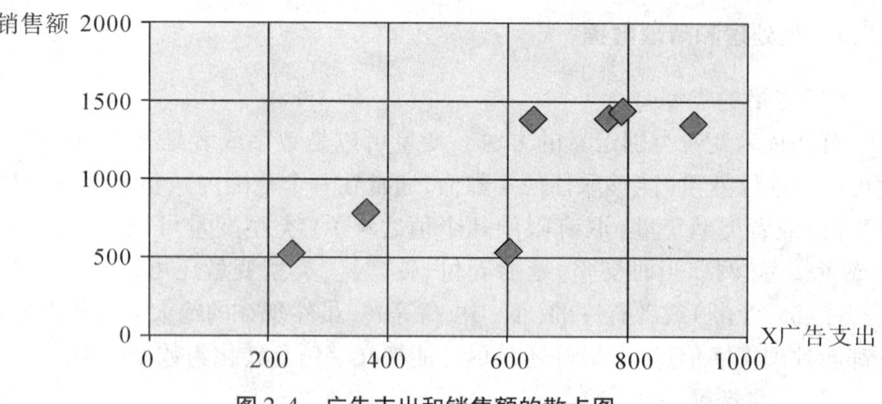

图 2.4 广告支出和销售额的散点图

我们用一个光滑的复杂函数把这些点连接起来，这个函数把这些数据点拟合得天衣无缝，一点误差都没有了。如图 2.5 所示。

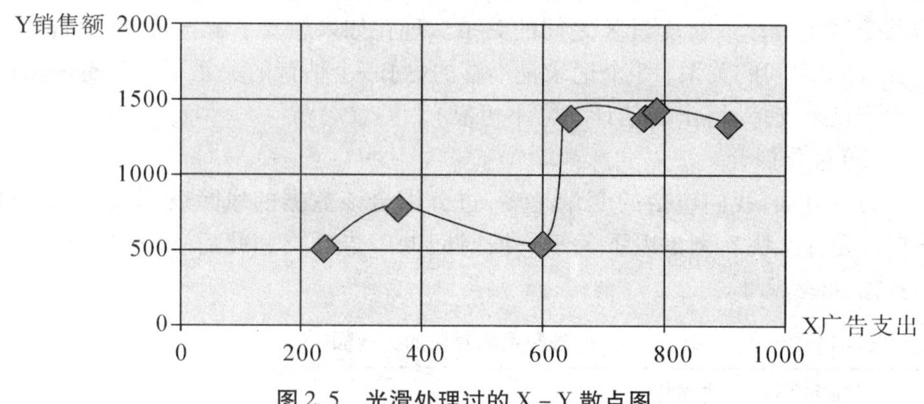

图 2.5 光滑处理过的 X－Y 散点图

然而，我们会发现这样的曲线在根据广告开支预测将来销售额时不可能那么精确，甚至没有用。建立模型的基本目的是要描述变量之间的关系，并且根据这一关系在将来用预测变量预测结果变量会预测得准。当然我们也希望模型准确地描述现有数据，但我们更感兴趣的是它处理未来数据的能力。

根据直线关系用广告支出预测销售额可能比根据复杂函数好得多。在上面的例子里，我们得到了一个完全拟合数据的复杂函数。使用这个复杂函数我们的确能“解释”数据的某些变化，但这些变化只不过是偶然的变化而已。因为我们把数据的噪声当成了信号。

类似地，我们可以通过扩大自变量数目的方法使模型对现有数据拟合得更好。考虑一个有 100 人的数据库，其中有半数给慈善事业捐过款。根据收入、家庭人口以及邮政编码的信息可能会很好地预测某人是不是捐款者。如果我们继续加入另外的预测变量，我们可能会改进模型对现有数据的拟合并且把分类误差减少到可忽略的程度。但是这个低误差率是误导人的,因为它可能会虚假拟合。例如其中可能有一个身高变量,如果我们的样本里有几个高个子,而且碰巧他们对慈善有很大的捐款,我们的模型可能会包括进身高一项——你个子越高那么你的捐款就会越大。当然用这个模型处理另外的数据时,高度可能就不是一个好的预测变量。过分拟合也可能会发生在试验许多模型然后把表现最好的模型选择出来的情况(详细介绍见后文)。

(4)多少变量和多大数据合适

对于已知的数据库和给定的模型,统计学家们能给我们一些定理让我们了解在给定精度的情况下,我们需要多少记录才能达到某一可靠度。数据挖掘人员对模型精度的要求通常不怎么明确,因此我们经常可以应用一些经验法则。一条经验法则认为对应每一个预测变量要有 10 条记录,这应该是合理的。Delmater 和 Hancock(2001)在其分类任务里使用的另一个法则是,观测记录数量至少要有 6 * M * N。在此 M = 输出变量类别的数目,N = 变量的数目。

即使我们有充足的数据,也应当去认真了解模型包括的变量。最好是咨询一下有那个专业领域知识(如业务流程和数据)的专家——有关这些变量的知识总是对建立一个好模型和避免错误有帮助。例如"运输费用"对于"采购金额"在外行看来可能是一个极好的预测变量,但其实不是。因为它不包括区分支付高价和支付低价的客户的信息,而这方面的信息在预测将来的商业活动中很有用。

原则上,预测变量少是模型的一个好特征。把许多的 X - Y 散点图放在一起可以有助于选择变量。如果两个变量的 X - Y 散点图是一条直线,这表明这两个变量的关系极为紧密,通常我们只会选一个放在模型里。这么做的思想是把不相干的和冗余的变量排除在模型之外。

(5)奇异值

我们处理的数据量越大,我们遇到因测量误差、数据录入错误等造成的错误数据的机会就越多。如果错误数据的值和其他数据的值同在某一个范围之内,这可能没有什么坏处。如果距离其余的数据很远(例如,小数点点错了),它可能就会对我们将要使用的一些数据挖掘程序有很大的影响。远离大块数据的数值被称为奇异值。"远离"是一个我们故意模糊的词语因为一个点是否被称为奇异值基本上是一个带任意性的决定。有的分析人员采用这样的经验法则"离均值 3 个标准差之外的点是奇异值"。但是没有统计法则能够告诉我们这样的奇异值是不是因错误而造成的。根据统计的思维我们知道,一个奇异值并不一定是一个非法点,它只是一个很远的数据点。

挑选出奇异值的目的通常是让人们注意需要进一步地检查数据。得到奇异值数据后我们可能会给出一个解释,比如在点错小数点的情况下这是可能的。我们也可能给不出解释，但是知道数据值是错误的：如一个病人的体温 58 度。或者我们认为该值在可能的范围以内并放过了它。所有这些判断最好由具备“专业领域知识”的人来作出。（专业领域知识在这儿指的是所考虑的特定应用的知识——如专递邮件、抵押融资等方面的知识，而不是统计或者数据挖掘程序方面的技术知识。）统计方法在这方面所能做的也只是挑出需要进行检查的记录而已。

如果人工检查是可能的话，一些奇异值会被挑出来并改正过来。如果有奇异值的记录数量很少，他们可以被当作缺失数据处理。我们如何找出奇异值呢？Excel 的一项技术是把记录的第一列按大小顺序排列，找出非常大或者非常小的值来。然后对后面的每一列做同样的处理。作为一种自动方法，聚类技术把每一个记录当作一个点看待，可以挑出远离其他记录的包含一个或者几个记录的类。然后再审查这些类里面的记录。

（6）缺失值

通常一些记录会包含缺失值。如果含有缺失值的记录的数量有限，这些记录可以被删除。然而，如果我们有许多变量，即使一小部分的缺失值也会影响许多记录。例如我们的数据集合有 30 个变量，如果只要有 5% 的变量值缺失，假如这些缺失值随机并独立地在记录和变量中间散布，那么大约 80% 的记录将会存在缺失值（一个给定记录没有缺失值的概率是 $0.95^{30} = 0.215$）。如果含有缺失值的记录都被排除在建模过程之外的话，合格的数据记录可能会太少；即使不少，这样建立的模型其可靠性也会有不足。另一个消除缺失值的方法是用一内插值取代缺失值，该内插值是根据其他所有记录中该变量的值求出的。例如，假设在 30 个变量里面，某一个记录的家庭收入变量缺失了，我们可能用其他所有记录的平均家庭收入来代替它。当然，这么做没有加进任何家庭收入影响结果变量的信息，它只是让我们能做这个分析并且可利用该记录里另外 29 个变量的信息。

（7）数据标准化（正规化）

有些算法的有效使用需要先把数据标准化。标准化数据一般指的是从每一个值减去平均值，然后除以距离平均值的偏差的标准差。实际上我们把每一个值表示成了“距离平均值的标准差数。”

让我们想一想为什么这是必要的。对于聚类分析的情况，通常我们需要计算出反映每一个记录到一个聚类中心或者其他记录的距离。在多变量的情况下，不同的单位将会被使用——例如天、美元、个，等等。如果美元以千计，而其他均以十计，美元的变量将左右距离的数值。而且，把单位从天换成小时或者月会完全改变结果。数据挖掘软件通常都有一个标准化数据的选择，许多算法可能会需要标准化。标准化是一个选择而不是这些算法自动的特性。

2.5.3 划分数据

在有约束学习方法里，一个关键的问题是：

我们的预测模型或者分类模型的性能要好到什么程度才把它用到新数据上？我们对比较各种模型的性能特别感兴趣，因为我们要选择将在实际运用中效果最好的模型。

凭直觉，我们会选择在手头数据上分类或者预测结果变量表现出最好性能的模型。然而，当我们用一个数据集合开发模型然后又用这个数据集合去评价模型性能，我们就引入了偏差。这是因为当我们选择某个在这个数据集合上表现最好的模型时，该模型的突出性能可能有以下两个来源：①模型的确是好模型；②碰巧该数据集合最适合这个选择的模型。

第二种情况对于一些不要求数据满足某种线性关系或者其他固定关系的算法（例如树和神经网络）是一个特别严重的问题，因为这些算法会过分拟合数据集合。为避免这一问题的发生，我们把数据简单地分成几块，并且只用其中一块开发模型。在得到一个模型之后，我们用另一块数据验证这个模型。我们可以用多种方式测定它的性能。对于分类模型，我们可以计算被误分类的记录比率；对于预测模型，我们可以测算预测值和实际值之间的误差。通常我们要把数据分成 2 块或者 3 块。图 2.6 是对实用数据的划分框图，实用数据通常只占大型数据库的一小部分。

图 2.6 实用数据划分框图

（1）训练块

通常是最大的块，这一块数据通常是用来开发多个模型的。

（2）验证块

这一块是用于评价每一个模型的性能的，因此你可以比较模型并选出最好的一个。在一些算法里（例如分类和回归树），验证块可用来自动地调节和改进模型。

（3）测试块

这一块（有时被称为“搁置块”或者“评价块”）用于当我们需要评价所选择的模型在新数据上的性能时。为什么既需要一个验证块还要一个测试块呢？

当我们用验证数据评价数个模型而后选择性能最好的模型时,我们又遇到了过分拟合问题,即验证数据和选择的模型拟合最好的偶然性。

因为验证数据增强了所选择模型性能的现象是随机的,在模型被应用到新数据上时其好的性能将不存在,因此我们可能高估了模型的精度。我们测试的模型越多,就越有可能会选择那个把验证数据的噪声拟合得最好的模型。把模型用在以前未出现过的测试数据上将会产生模型在新数据上的无偏估计。有时(例如我们主要关注的是发现最好模型,而不是其性能如何),我们可能会只用训练数据和验证数据。分块的过程应该是随机的以避免产生有偏差的划分。在我们的程序里,用户可以自己设置各数据块或者随机划分数据块。

在有约束学习的最近邻点算法里,验证数据块的每一条记录要与训练块的所有记录进行比较以确定其最近邻点。在某种程度上,训练数据本身就是模型的一部分——因为该模型在新数据上的任何应用都要用到训练数据。因此使用两个数据块是分类和预测过程最基本的部分,而不仅仅是改进和评价模型的一个方式。我们的程序把数据分成 3 块,用户既可以指定各块数据的范围,也可以给出数据块大小按照多种统计采样方式进行分块。

附录:数据分块方法

①在西南财经大学数据挖掘系统打开数据,界面如图 2.7。

图 2.7　西南财经大学数据挖掘系统

②点击工具条上的“有约束学习”按钮,“数据挖掘建模”界面弹出如图 2.8 所示。在此数据划分有 4 种方式:随机划分、过度划分、简单划分和不需划分。

随机划分是最常用的划分方式，它通过把数据集合的记录进行简单随机化，然后按不同的比例划分到训练数据、验证数据和测试数据集合。过度划分针对的是输出变量中事件发生的类别和事件不发生的类别在数量上差别较大时采用的划分方式，在 Logistic 回归一节中将对此进行介绍。简单划分是对数据集合不进行随机化的划分，不需划分是把所有数据都放入训练数据的方式。在数据划分框中我们选择随机划分方式，并点击划分。“简单随机采样”界面出现。

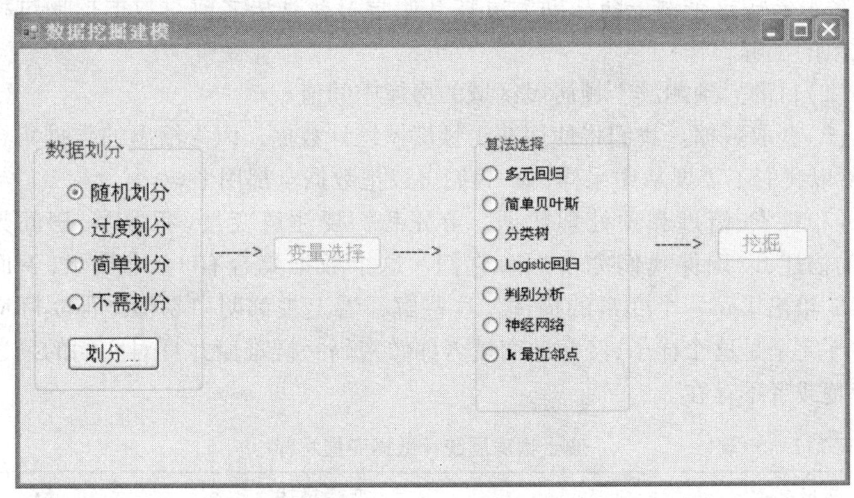

图 2.8　数据分块界面

③在“简单随机采样”界面中输入各数据集合的比率（保证其和小于或等于 100），点击划分按钮就可以了。图 2.9 是“简单随机采样”界面图。

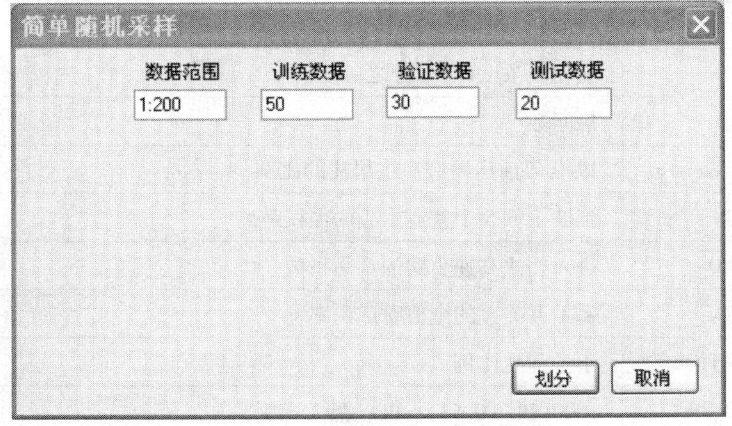

图 2.9　简单随机采样界面

2.6 建立模型——线性回归的一个例子

在这个例子里我们按照数据挖掘的步骤对波士顿房屋数据进行分析。我们将使用大家熟悉的多元线性回归进行估计和预测，这是数据挖掘经常做的一项任务。希望这个例子会帮助大家在开始学习新算法之前对数据挖掘过程有个大致的了解。

(1)目的。预测波士顿居民区域的房屋中间值。

(2)获取数据。我们将使用波士顿房屋统计数据。因为给出的数据集合很小，所以我们不需要从中采样——我们可以把数据全都用上。

(3)探索、清理和预处理数据。首先我们要注意变量(犯罪率、房间数等等)的描述，以确保我们完全理解它们。这个数据集合有 14 个变量，下面的表 2.2 给出了每一个变量的描述。这些解释看上去都明白易懂。但实际应用中并不完全是这个样子，经常地变量名称像密码一样难懂并且对它们的描述也不清楚或者不存在。

表 2.2　　波士顿房屋统计数据变量解释

变量名称	变量描述
CRIM	人口平均犯罪率
ZN	庭院面积超过 25 000 平方英尺(1 平方英尺≈0.09 平方米)的比例
INDUS	非零售业占地的比例
CHAS	查尔斯河标志变量(=1，该区靠河；=0，该区不靠河)
NOX	氧化氮浓度(千万分之一)
RM	房间数
AGE	1940 年前房屋有房主居住的比例
DIS	到波士顿 5 个就业中心的加权距离
RAD	进入辐式高速公路的难易指数
TAX	每 1 万美元的全值财产税率
PTRATIO	小学师生比例
B	$1000(Bk-0.63)^2$，Bk = 黑人比例
LSTAT	低收入人口比例
MEDV	居住房屋的中间值(单位：千美元)

现在应该暂停一下,想一想这些变量的意思,我们是否应把它们放到模型里去。对于 TAX(财产税率)这个变量,我们的第一感觉就是房屋的财产税率通常是房屋估价的一个函数,因此这个模型就会有一个循环关系——我们想采用财产税率作为一个预测变量预测一个房屋的价格,而财产税率本身是由房屋价格决定的。从数字上看,财产税率可能是房屋价格的非常好的预测变量,但是如果我们把模型用在一个估计值不存在的房屋时还会有用吗?让我们再思考一下,财产税率像所有其他变量一样,和周围房屋价值的评价值有关,而和单个的房屋价值无关。尽管我们调查的目的还不是很明确,但在某个阶段我们会把模型用于单个房屋,在这种情况下,财产税率值可能会是一个有用的预测变量。因此我们将把财产税率包括在我们的分析中。

另外,该数据集合还包括另外一个变量:中间值类型(CATMEDV),它把中间值(MEDV)分成2类——高和低。中间值类型变量是从中间值转化而来。如果 中间值≥$30 000, 则中间值类型 = 1。如果中间值≤$30 000, 则中间值类型 =0。假如我们要把记录分成高或者低中间值的记录,我们会用中间值类型变量而不是用中间值变量。就目前的问题,我们不需要中间值类型变量,因此我们的分析中将不包括中间值类型变量。关于中间值有几点需要说明。一方面它的值很低,因为这是 20 世纪 70 年代的数据。另一方面,有许多值是 50 000, 50 000 是最大值。很可能大于 $50 000 的中间值都被记作 $ 50 000。剩下的我们有 13 个变量,它们都可放到模型里。

检查一下可能由以前错误引起的奇异值也是应该的。例如,假定在房间数一栏把它们从大到小排序以后,我们发现了 79.29 这么大的数值,这肯定是错误的——因为没有一个居住区套房的平均间数是 79,而其他值都在 3 和 9 之间。问题可能是小数点点错了,真实值应该是 7.929。因为我们的数据都是放在电子表格里,对某一个变量进行排序以检查奇异值是轻而易举的事。

(4)精简数据和把它划分成训练、验证以及测试数据块。我们的数据只有 13 个变量,因此不需要数据精简。如果我们有更多的变量,在这个阶段我们可能会使用如主成分分析的数据精简技术把多个简单变量压缩为较少数量的变量。我们的任务是预测房屋的中间值,然后评估预测的效果。我们将把数据分成一个训练数据集合以建立模型和一个验证数据集合以验证模型的效果。这一技术是解决分类和预测问题的“有约束学习”过程的一部分。在解决分类和预测问题时,我们知道某些数据的结果变量的类别或数值,用这些数据建立模型,然后把模型用于结果变量未知的其他数据上。

在此我们使用简单随机采样方式划分数据,我们在总的数据集合里按照随机方式选择了 2 块数据:训练数据和验证数据。训练数据设为总数据集合的 40%,验证数据设为总数据集合的 20%,如图 2.10 所示(读者可以随意地设置数据分块方式以及各数据块的大小)。然后点击“划分”按钮,一对话框弹出询问是否进行变量选择,选择“No”,而后简单随机采样界面关闭,系统回到数据挖掘建模界面。训练数据用于建立模型,验证数据用于了解这个模型用于新数据的效果如何。注意:虽然在这儿我们没有用测试块,但实际数据挖掘工作中经常会用的。

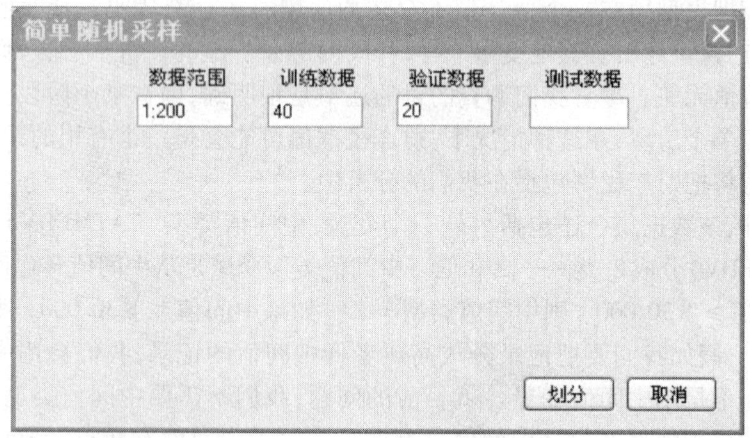

图 2. 10　数据分块实例

通常一项数据挖掘工作需要测试几个模型,或许对每一个模型都要测试数套参数。当我们只训练一个模型并且用验证数据进行验证时,自然地我们会想到该模型在其他数据上效果如何。然而,如果我们训练许多模型并且用验证数据检验每一个模型的拟合情况,而后挑选效果最好的一个模型,该验证数据就不再给出该模型处理其他数据的无偏估计。通过承担最佳模型选择的工作,验证数据已经变成了模型本身的一部分。事实上,有几个算法(分类和回归树)明确地把验证数据加进建模算法本身(例如在修剪树时)。模型几乎总是在训练数据上拟合得比新数据好。因此,当验证数据被用于模型本身或者用于选择最佳模型时,用验证数据获得的结果和用训练数据获得的一样是过于乐观的。测试数据,既不可用于模型建造或者模型选择过程,能够对于选择的模型处理新数据的效果给出更好的估计。因此,一旦我们选择了一个最佳模型,我们将把它用于测试数据以得到它实际拟合数据时的效果。

(5)决定数据挖掘任务。在这个例子里,如上所述,就是用 13 个预测变量去预测住房的中间值。

(6)选择技术。在本例,就是多元线性回归。

(7)用算法去执行这个任务。在完成数据划分之后,系统会返回到数据挖掘建模界面。在算法选择框中选择多元回归,如图 2. 11 所示。然后点击“挖掘”按钮。

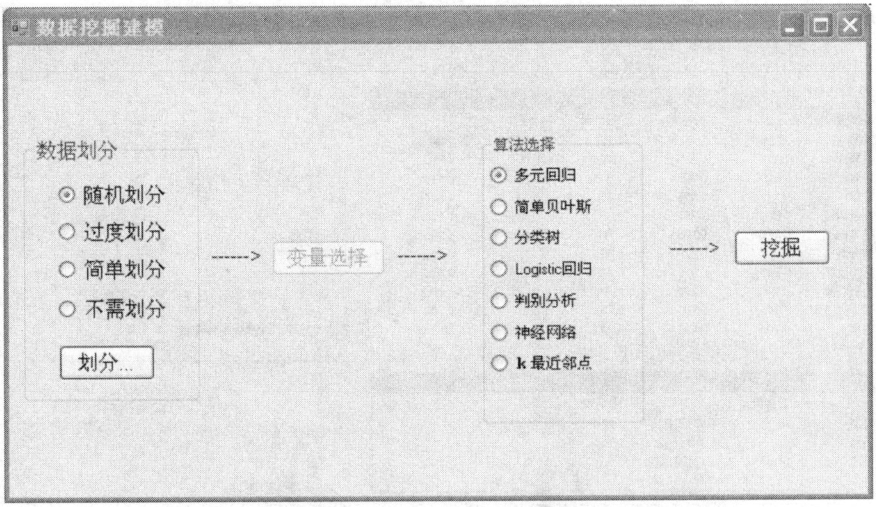

图 2.11　选择数据挖掘算法

这时设置模型角色界面被弹出。选择一些变量作为输入变量，一个变量作为输出变量。在我们的例子里，前面 13 个变量为预测变量，中间值(MEDV)变量被选作输出变量，中间值类别没有使用，其他所有变量均被选作输入变量(如图 2.12 所示)。

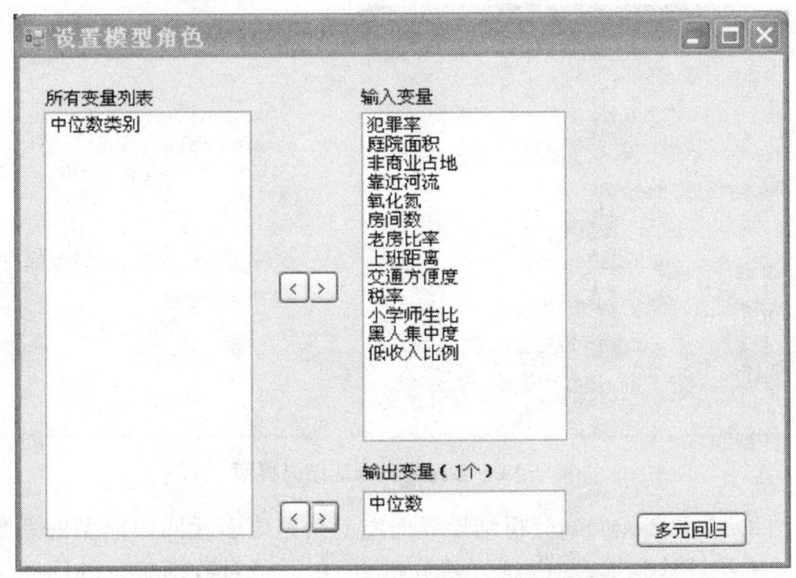

图 2.12　多元回归分析中的变量设置

点击设置模型角色界面右下角的“多元回归”按钮，我们的程序同时给出了多元回归分析结果界面(如图 2.13 所示)和多元回归预测结果界面(如图 2.14 所示)。

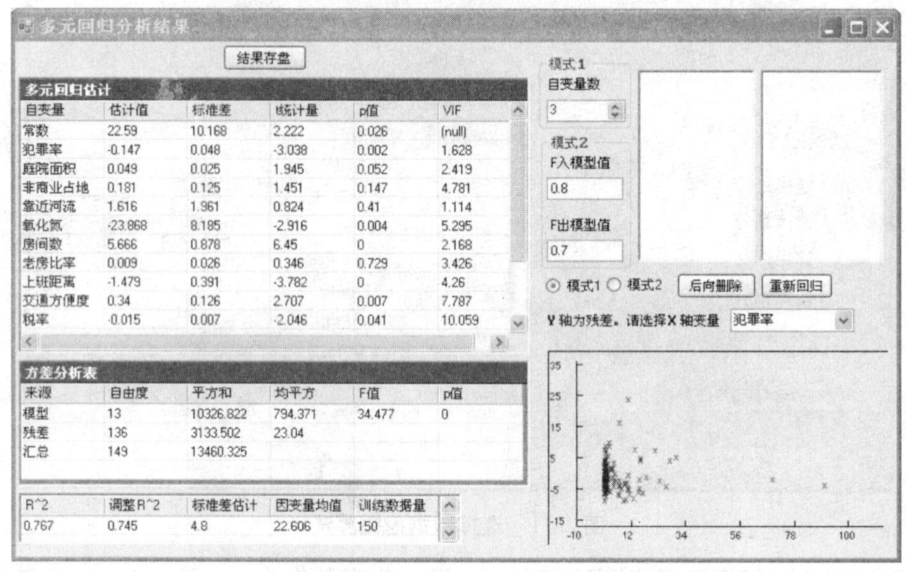

图 2.13 多元回归分析结果界面

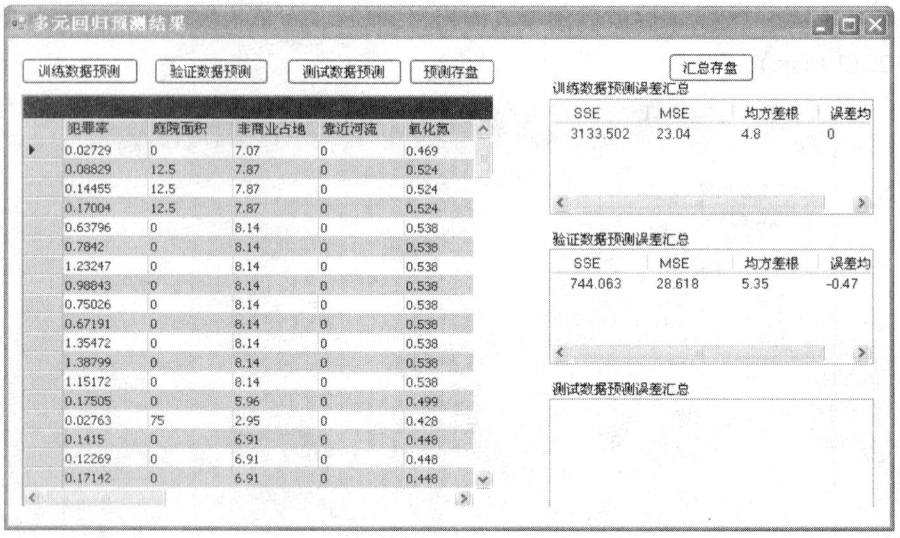

图 2.14 多元回归预测结果界面

在图 2.13 的多元回归分析结果界面左上角是对多元回归模型的系数估计以及有关的统计检验量；左中是方差分析表；左下是对数据集合的回归结果总结。右上角的部分是回归分析中最佳自变量子集选择模块；右下是在做回归分析中常用的检验模型假设的残差散点图。对于回归系数估计以及方差分析表等结果，我们现在可以先不理解它们，等我们学习了关于多元线性回归的那一章之后，我们再详细解释有关的理论和算法。

图 2. 14 的多元回归预测结果界面的左边表格给出了各数据块记录的输入变量的数值以及输出变量的实际值和预测值。这些预测值经常被称作拟合值，因为它们的目的是预测模型要拟合的结果变量。在这个界面的右边是训练数据和验证数据的预测误差报告。预测误差可以用几种方法测量。最右边是"平均误差"——就是残差(误差)的平均值。在训练数据和验证数据上,这个误差都很小。这表明平均而言,预测值的平均值和正确值很接近——我们的预测是"无偏的"。这只是意味着正误差和负误差互相抵消。它不能告诉我们这些正误差和负误差的大小。左边的"误差平方和(SSE)"把所有的误差平方加在一起,因此,一个误差不管正负贡献都一样。然而这个和并不能产生典型的误差大小。"均方差根"或许是最有用的一项。它是误差平方的平均值的方根。因此给出了和原数据同样度量时典型误差的大小(不管是正是负)。正如我们所想到的,验证数据在模型用来作预测时的均方差根($4800), 比训练数据的均方差根($5350)大一些。

(8)解释结果。在此阶段,我们通常会尝试其他预测算法(例如,神经网络),以观察它们产生误差的大小。我们也会尝试改变各个模型的参数设置(例如,我们可以使用多元线性回归的"最佳子集"选择项,请看多元线性回归一章)以选择精简的变量组合,这一变量组合可能使得模型在验证数据上工作效果更好。在选择出最佳模型(具有最小误差的模型,并且符合"越简单越好"的原则)之后,我们就用这个模型在新数据上预测输出变量。这些步骤在以后的例子中会加以详细地解释。

(9)应用模型。在最佳模型选出来之后,把它用在新数据上以预测记录里没有中间值项的房屋中间值。这当然是最终目标。

实际上,做严谨的分析不需要大量的记录。被分析的数据集合当然可以有数百万个记录,但是在做一个多元线性回归或者应用一个分类树时使用 20 000 个记录的样本可能和使用整个数据集合所产生的答案一样精确。涉及的原理和民意测验的原理是一样的:一个 2000 投票人的样本,如果采样合理的话,给出的对整个人口意见估计的误差在 1 到 2 个百分点之内。

西南财经大学数据挖掘系统可以读入 Excel 电子表格数据、文本格式数据、微软 Access 数据库的数据表等数据文件。如果原始数据的数据量很大,在读入时可以对原始数据进行随机抽样得到建模数据。和其他数据挖掘工具不同的是它没有自己的数据格式,不把原始数据转化为自己的数据,所以它所占用的计算机系统空间非常有限。另外它对于数万的建模数据可以很快得到结果。因此使用它解决实用数据挖掘问题是一个很好的选择。

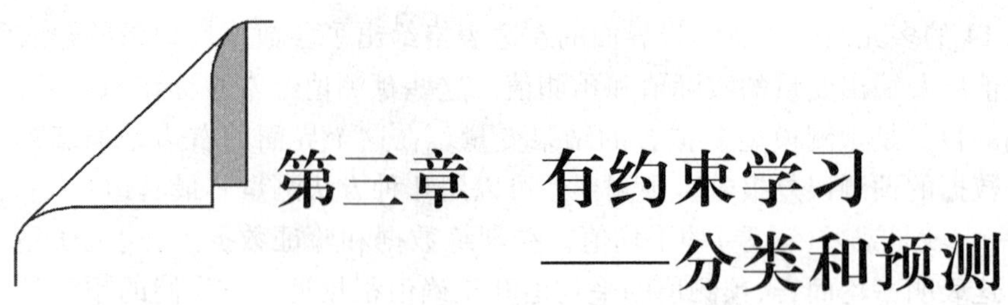

第三章　有约束学习——分类和预测

在有约束学习方面,我们感兴趣的是预测结果变量的类别或者连续值。在上一章,我们用一个简单的例子进行了预测。在这一章,我们要解决这样一个问题:如何判断一个分类方法或者预测方法是否有用以及如何区分不同方法的好坏?

在面对一个分类问题时,我们不仅有许多种分类方法供选择,而且在每一种分类方法里面,我们还有许多方案可供选择。例如在 k – 最近邻点分类方法里,要用多少个邻点;在分类树(或者树形分类法)里如何确定树叶节点的最少记录数;在建立 Logistic 回归模型时如何选择预测变量以及在神经网络的隐藏层里需设置多少个神经元等。在我们详细地学习这些算法以及决定如何做这些选择之前,我们先了解如何评价挖掘的效果。

3.1　一个分两类的分类法

首先我们来看一看把所有记录分两类的分类法的例子,它是应用中最普通和最经常使用的分类法。然后我们把所做的分析推广到分更多类的分类法的情况。

判断一个分类法效果的自然标准是它错误分类的概率。一个没有任何误差的分类法是完美的,但我们不能期望在现实世界里构造出这样的分类法,因为我们得到的信息里有噪声而且经常地我们不能得到精确分类所需的所有信息。既然错误分类是不可避免的,那么我们是否应该要求分类方法存在一个最小的错误分类概率呢?

在此,我们希望使用分类法的效果能比使用“粗暴”法则:“把所有记录划分到记录最多的类里去”得到的效果要好一点。用 C_0 和 C_1 表示两个类,对每一个记录假定我们知道它属于哪一个类的概率。用 $p(C_0)$ 和 $p(C_1)$ 表示一个记录属于 C_0 和属于 C_1 的先验概率。这个先验概率粗略地说就是:属于 C_0 的记录在所有记录中所占的比例是 $p(C_0)$,而属于 C_1 的记录在所有记录中所占的比例是 $p(C_1)$,除此之外我们对数据集合一无所知。在这种情况下,我们把一个记录归入 C_1 如果 $p(C_1) > p(C_0)$,反之归入 C_0 以最大地降低错误分类的机会。使用这种方法错误分类的概率可能是 $p(C_0)$ 和 $p(C_1)$ 的较小值。如果我们用错误分类率作为我们的标准,任何使用预测变量的分类法肯定要比这种先验分法好的多。

对于一个分类法我们最期望它具有什么性能呢?显然地,你可能会认为使用的训练数据越多得到的分类法的分类就会越精确。这个想法会导致这样一个问题:假定我们有极为大量的训练数据,那么我们就会得到一个不犯错误的分类法吗?对此答案是否定的。一个分类法的精度特别依赖于这两类(由分类法使用的预测变量而显示出)的间隔。在预测变量给定和拥有大量的训练数据的情况下,我们可以使用概率论里面著名的贝叶斯公式推导出一个分类法所能有的最好性能。贝叶斯公式利用各预测变量在两类上的分布情况给出了使用相同预测变量的所有分类法中误差最小的分类法。这个分类法的构建使用了下一节介绍的贝叶斯最小误差法则。

3.2 贝叶斯最小误差法则

现在我们考虑用一个连续型预测变量 X 来预测具有两个类别的结果变量。X 是一个随机变量,因为它来自于采样。假定我们有一个很大的训练数据集合,那么在每一个类里 X 的相对频率分布图将几乎和 X 的概率密度函数(p. d. f.)一样。由于我们的训练数据数量很大,由此我们知道对应于 C_0 和 C_1 的精确的概率密度函数并记作 $f_0(x)$ 和 $f_1(x)$,如图 3. 1 所示。

现在我们要对一个记录分类,其 X 的值是 x_0。我们用贝叶斯公式预测在已知 $X = x_0$ 时该对象属于类别 C_1 的条件概率。应用贝叶斯公式,这个条件概率 $p(C_1 \mid X = x_0)$ 可由以下得出

$$p(C_1 \mid X = x_0) = \frac{p(X = x_0 \mid C_1)p(C_1)}{p(X = x_0 \mid C_0)p(C_0) + p(X = x_0 \mid C_1)p(C_1)}$$

考虑到 X 既可能是类型变量,也可能是连续变量,为了方便我们统一使用 X 在 C_0 和 C_1 的密度函数。上式可表示为

$$p(C_1 \mid X = x_0) = \frac{f_1(x_0)p(C_1)}{f_0(x_0)p(C_0) + f_1(x_0)p(C_1)}$$

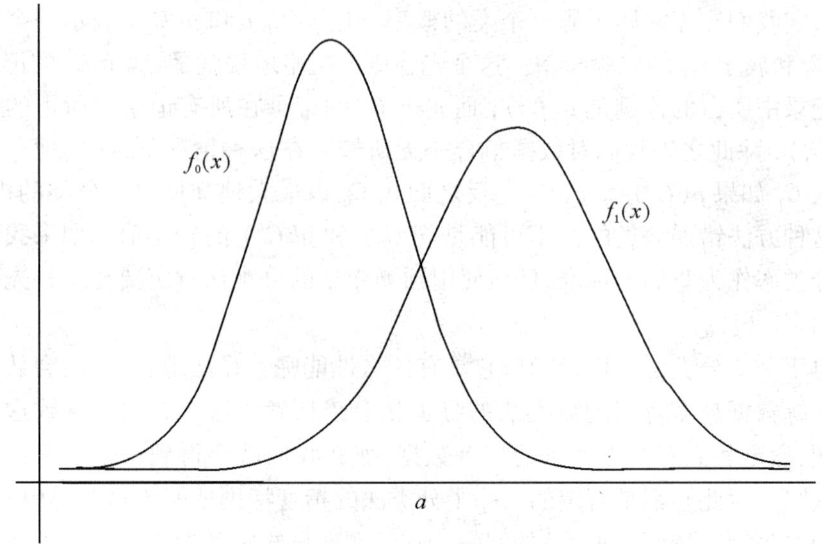

图 3.1　C_0 和 C_1 的概率密度函数 $f_0(x)$ 和 $f_1(x)$

由此我们知道，要计算 $p(C_1 \mid X = x_0)$，我们需要知道先验概率 $p(C_0)$ 和 $p(C_1)$。因为总共只有两类，如果我们知道 $p(C_1)$，就会通过 $p(C_0) = 1 - P(C_1)$ 算出 $p(C_0)$。先验概率 $p(C_1)$ 是在不知道一个对象的 X 值的情况下该对象属于 C_1 的概率。贝叶斯公式可以让我们把这个先验概率改进为后验概率，即在知道 $X = x_0$ 的情况下对象属于类别 C_1 的概率。当 $p(C_0) = P(C_1) = 0.5$，公式表明如果 $f_1(x_0) > f_0(x_0)$，那么 $p(C_1 \mid X = x_0) > p(C_0 \mid X = x_0)$。这意味着如果 $x_0 > a$（a 点是概率密度函数 $f_0(x)$ 和 $f_1(x)$ 的交叉点，如图 3.1），我们把该对象分到 C_1 类所犯的分类错误要比把它分类到 C_0 所犯的分类错误要小。相似地，如果 $x_0 < a$，我们把该对象分类到 C_0 所犯的分类错误要比把它分类到 C_1 所犯的分类错误要小。如果 $x_0 = a$，不管怎么分我们所犯的分类错误都是 50%。

如果先验概率 $p(C_0)$ 和 $p(C_1)$ 不相等，比如说一个记录属于 C_0 的先验概率是属于 C_1 的先验概率的 2 倍，即 $p(C_0) = 2p(C_1)$，那么由贝叶斯公式可知只有在 $f_1(x_0) > 2f_0(x_0)$ 时，才有 $p(C_1 \mid X = x_0) > p(C_0 \mid X = x_0)$。因此用于分类的新的分界值 b 将在 a 的右边，如图 3.2 所示。这也是我们凭直觉所期望的。如果一个类的记录更多的话，我们会期望阈值变化的方向会增加该类的范围。

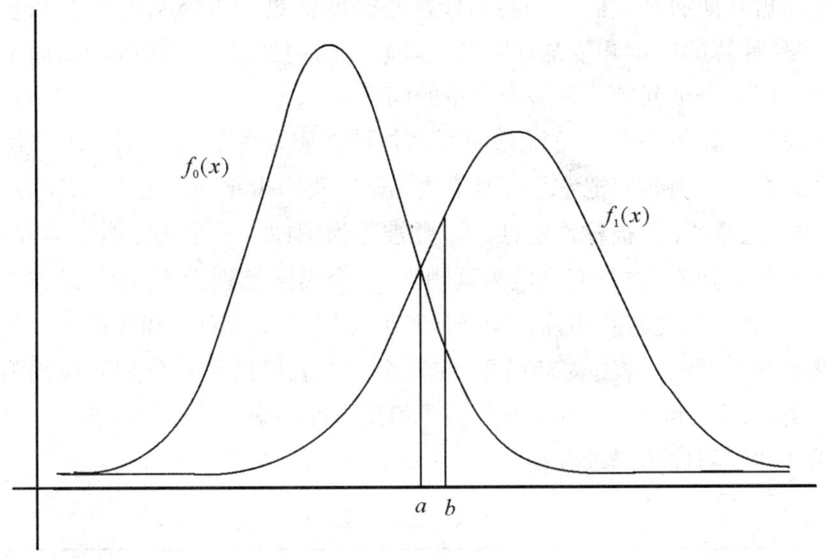

图 3.2 先验概率不同时分界点的变化

总而言之,如果 $p(C_1) \times f_1(x_0) > p(C_0) \times f_0(x_0)$ 我们就把记录 x_0 分到 C_1 类,反之分到 C_0 类,这样分类的话误差会降低到最小。即使 X 是一个随机向量,即其每一个分量是一个随机变量的情况这个法则也是适用的。在下文里,我们将假定 X 是个随机向量。贝叶斯法则的一个重要优点是,在给一个记录分类的同时,我们可以计算该记录属于每一个类的条件概率。这有两个好处。

首先,我们可以用这一概率作为我们要分类的每一个记录的"分数"。这可以让我们把所有记录按照我们进行分类的信心大小排列起来。这个好处在我们制作提升曲线(后文介绍)时非常重要,给出提升曲线是许多数据挖掘应用中重要的工作。第二个好处是我们可以为任一记录计算期望的利益或者损失。当因分类错误引起的对这两类的损失不同时,这给我们提供了一个比错误分类率更好的决策标准。

3.3 采用分类误差作为标准的分类方法评价

实际上,我们可以在训练数据上通过计算每一类记录所占的比例来估计 $p(C_0)$ 和 $p(C_1)$。当然这些比例只是估计,因此不可能完全正确。但是如果我们的数据量足够大并且每一个类所占的比例都不是很小的话,那么我们的估计将是可靠的。有时我们可以使用公共数据,比如人口普查数据来估计这些比率。然而,在大多数实际的商业环境里我们不能够估计 $f_0(x)$ 和 $f_1(x)$。如果我们想使用贝叶斯法则我们就需要估计这些密度函数。实际应用中 X 几乎总是一个向量,计算的困难和复杂性随着变量数目的增加成几何级数增加而不是线性增加。因此分类问题不是一个简单的问题。

下面探讨如何获得分类误差的可靠估计。假定我们已经用训练数据建立了一个分类法。当我们把它用于验证数据时,我们可把每一个记录分为 C_0 或者 C_1 类。通常 C_0 类被称作阴性, C_1 类被称为阳性。一个实际类别为 C_0 的记录被正确分类到 C_0 类我们称之为真阴性,一个实际类别为 C_1 的记录被错误分类到 C_0 类我们称之为假阴性。同样地我们可以定义真阳性和假阳性。分类结果被展示在一个汇总表(表 3.1)里,在这个汇总表里行和列分别对应预测类别和实际类别,N_{00} 和 N_{11} 分别代表真阴性和真阳性的记录数量,N_{10} 和 N_{01} 分别代表假阴性和假阳性的记录数量。

表 3.1　　数据分类汇总表

	预测类别	
实际类别	C_0	C_1
C_0	N_{00}	N_{01}
C_1	N_{10}	N_{11}

错误分类率的估计为 $Err = (N_{01} + N_{10})/N$,在此,$N = (N_{00} + N_{01} + N_{10} + N_{11})$ 是验证数据集合上所有记录的个数。如果 N 相当大,我们对错误分类率的估计可能会相当准确。使用从随机样品里估计总体比例(Population Proportion)的标准公式,我们可以为错误分类率计算一个置信区间。

注意这儿我们假定正确分类的代价(或者利益)是 0。乍看起来这似乎欠妥当。毕竟把一个购买者正确地划分为购买者的利益(或者负代价)是重大的,并且在其他一些情况下(例如用我们的分类算法给新数据打分以作决策)考虑每一个记录的分类(或者错误分类)对实际净利润的可能影响也是恰当的行为。然而我们现在的目的是使用分类误差这个标准来评价一个分类方法,如果我们能够获得错误分类记录的所有代价(或者利益)信息,通过把正确分类的代价设为零,问题就大大简化了。因此我们不是计算购买者被正确地分到购买者类的利益,而是计算把他错误地分到非购买者类的代价。这样的结果是一样的。我们的目的是使代价最小化,不管代价是实际代价还是将来的利益(机会代价)。

表 3.2 给出了置信度为 99% 的情况下错误分类误差的估计精度随着验证数据总数发生变化的情况。每列顶上的数据是错误分类率的值,第一列是估计误差,每一行的值代表需要的验证数据记录数量。例如,如果我们认为真正的

错误分类率可能在 0.05 左右,我们希望有 99% 的信心误差在真实错误分类率的正负 0.01 以内,我们验证数据里需要的记录数为

$$n = \frac{Z^2pq}{E^2} = \frac{2.576^2 \times 0.05 \times 0.95}{0.01^2} = 3152$$

表 3.2 错误分类率精度和验证数据记录数量之间的关系(置信度设为 99%)

	0.01	0.05	0.10	0.15	0.20	0.30	0.40	0.50
±0.025	250	504	956	1354	1699	2230	2548	2654
±0.010	657	3152	5972	8461	10 617	13 935	15 926	16 589
±0.005	2628	12 608	23 889	33 842	42 469	55 741	63 703	66 358

3.4 不对称错误分类代价和贝叶斯风险

到此为止我们一直在使用错误分类率作为判断一个分类法效果的标准。然而,在有些情况下这个办法是不合适的。有时,把一个记录错误划分到一个类里的后果比错误划分到另一类的后果要严重得多。例如一种分类错误是把一个会购买某产品的客户错误地分到不购买的类里,另一种分类错误是把一个不会购买某产品的客户错误地分到可能购买的类里,第一种的错误分类造成的机会代价更大。在前一种情况下,你可能会失去一个几百美元的销售机会。而在后者,代价仅仅是邮寄一封信给一个不会买你东西的客户。在这种情况下,采用错误分类率作为评价分类效果的标准会起误导作用。

现在假定一个潜在客户名单上 1% 的家庭会购买广告上的物品。如果一个分类方法把所有家庭分为不应答的一类,它的错误率只有 1%,但是实际上这种分类一点用处也没有。另一个分类法把 30% 的将要购买者错误分到非购买者类,2% 的非购买者错误地分到将要购买者类,它的误差比率更大。但如果从销售中获得的利润远大于发一个广告的成本,后一种分类可能会更好。在这种情况下,如果已知两种错误分类代价的估计,我们就能够使用分类汇总表来计算验证数据里每一个记录的错误分类的期望代价。由此我们可以使用总的期望代价作为标准比较不同的分类方法。然而,它不能改进实际的分类方法。

一个更好的方法是改进分类法则(因此错误分类率也改变了)以反映不对称的错误分类代价。实际上针对这种情况的贝叶斯分类法给出了可以使错误分类期望代价(包括实际代价和机会代价)最小的最优法则。这一分类法被称为贝叶斯风险分类法,相关的最小错误分类代价的期望值被称为贝叶斯风险。

贝叶斯风险分类法采用了以下分类原则。

把一个记录分为 C_1 类如果 $p(C_1)\times f_1(x_0)\times C(0|1)>p(C_0)\times f_0(x_0)\times C(1|0)$，反之分为 C_0 类。在此 $C(0|1)$ 是把一个 C_1 类记录错误地分为 C_0 类的代价，$C(1|0)$ 是把一个 C_0 类记录错误地分为 C_1 类的代价。注意，不管是哪一类，正确分类的代价都是0。另外当 $C(0|1)=C(1|0)$ 时这条法则退化为最小误差贝叶斯法则。

因为我们很少知道 $f_0(x)$ 和 $f_1(x)$，实际上我们建立不了这种分类法。然而，它提供了一种思想，各种期望机会代价最小化的分类法都是模仿它建立的。

3.5 分层采样和不对称代价

当各类的比例相差较大时，分层采样经常用于把比例较小的一类样品采集的比例大一点（在此又叫过度采样），并由此改进分类的效果。如果一类在训练数据集合里的比例较小，分类方法就没有许多信息以学习如何把它从其他类里区别开来。最经常使用的过度采样办法是从每一类里取近似相同数目的记录。情况经常是这样：越是很少发生的事件越是人们感兴趣的或者更重要的。例如邮件广告的反应者、诈骗分子、赖账的人，等等。因此错误分类的代价就更大。正因为此，在过度采样和在一有偏的样本上完成模型训练之后，需要进行两个调整：

（1）调整有偏采样的结果（假如一个类在训练样本里有 2 倍的过分采样度，它的预测输出需除以 2）。

（2）把结果（以反应数的形式输出）转换成考虑到不对称代价的期望收益或损失，通过最大化这个收益（或最小化损失）确定数据的分类。

3.6 推广到多于两类的情况

以上针对两类的分类法的讨论可以轻而易举地推广到两类以上的情况。假设我们有 k 类 $C_0,C_1,\cdots,C_{k-1}$，那么贝叶斯公式告诉我们

$$p(C_j\mid X=x_0)=\frac{f_j(x_0)p(C_j)}{\sum_{i=0}^{k-1}f_i(x_0)p(C_i)}$$

最小误差贝叶斯法则就是把一个记录划分到 C_j，如果

$$p(C_j) \times f_j(x_0) \geqslant \max_{i=0,1,\cdots,k-1} p(C_i) \times f_i(x_0)$$

分类汇总表有 k 行和 k 列。其对角线网格的数字对应的是各类别分类正确的记录数量,因此相关的错误分类代价当然是 0。

如果代价是不对称的,贝叶斯风险分类方法遵循如下法则:把一个记录划分到 C_j 类如果

$$p(C_j) \times f_j(x_0) \times C(\sim j \mid j) \geqslant \max_{i \neq j} p(C_i) \times f_i(x_0) \times C(\sim i \mid i)$$

在此 $C(\not\in j \mid j)$ 是把属于 C_j 的记录错误划分到任意其他类 C_i 的代价,$i \neq j$。

3.7 提升图

在实际应用中,错误分类代价经常是不能精确知道的,决策者们不得不尝试一些可能值。在这种情况下,分类法(不仅仅是一个二类的分类法)给出属于每一个类的概率。例如在邮件推销活动中我们可以使用历史记录建立一个模型,根据这个模型对每一个客户计算一个该客户会购买产品的"反应概率"。显示这个模型拟合效果的一种非常有用的工具被称为提升曲线,也被叫做增益曲线或者增益图。提升曲线是销售领域众所周知的术语。提升曲线帮助我们决定如何有效地"从汤里撇出油来",即只选相当少量的记录,而其中有相当大部分是反应者。建立一提升曲线所需要的输入是每一个记录都给打了"分数"的验证数据集合,所打的"分数"是该记录将属于某类的概率估计值。

3.8 波士顿住房(两类)

我们要用一个 Logistic 回归模型来拟合波士顿住房数据。(以后我们将详细介绍 Logistic 回归模型。在此可把它看作线性回归,只是结果变量的值是 0 或者 1)。我们用一 Logistic 回归模型拟合训练数据(150 个随机选择的记录),数据集合的 9 个变量作为预测变量,中位数类别(中位数类别等于 1,如果中位数大于或等于 \$30 000;中位数类别等于 0,如果中位数小于 \$30 000)作为因变量。如图 3.3 所示。

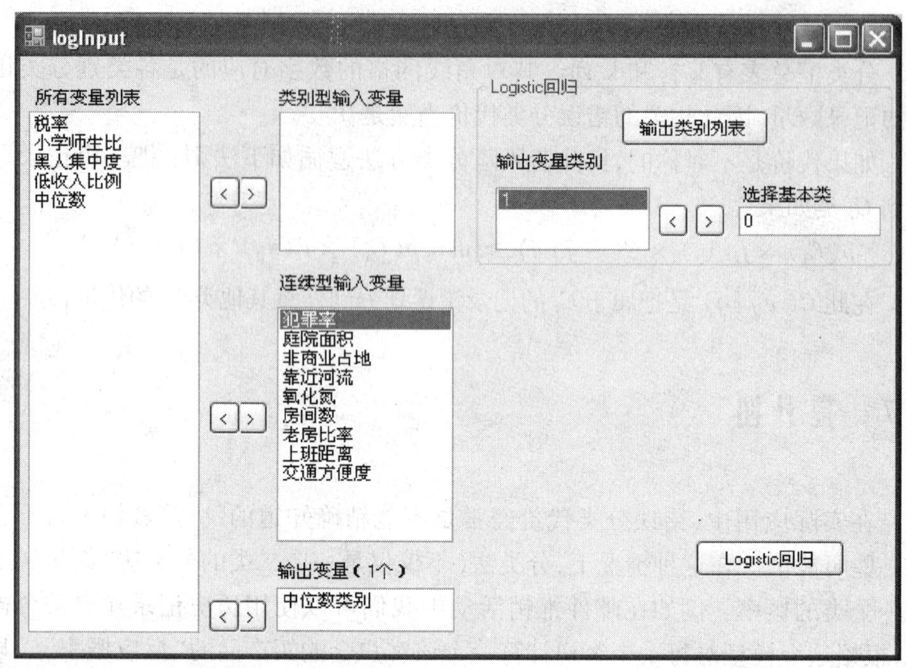

图 3.3 使用波士顿住房数据部分变量的 logistic 回归界面

把得到的模型用于验证数据(数据集合里剩下的 40 个记录),我们的数据挖掘软件输出的验证数据分类表 40 个记录的后 2 列显示如表 3.3 的左边。这 40 个记录按预测的 $P(Y=1)$ 从大到小排序后列在表 3.3 的右边。

首先我们需要确定一个概率的阈值,如果一个记录的概率大于它我们就认为这个记录的结果是阳性或者“1”,反之我们就认为这个记录的结果是阴性或者“0”。对于任意给定的阈值我们可以得到排序后的汇总表(表 3.4)。在此我们使用的阈值概率是 0.50,我们预测出 6 个阳性(其中 5 个是真正的阳性,1 个是假阳性);我们还预测出 34 个阴性(其中 32 个真正的阴性,2 个假阴性)。对每一个阈值我们都会得到对应的汇总表。要判断误分类的情况,不仅去看汇总表里的数字,还可以去看累积提升曲线(有时也称作增益图,如图 3.4),该曲线总结了这些多元汇总表里的所有信息。X 轴是记录累积数(按概率降序排列),Y 轴是真正阳性的记录累积数。

表 3.3　　　　Logistic 回归模型对验证数据的打分结果

排序前	
实际类别	P(Y = 1)
0	0. 0005
1	0. 3256
0	0. 0017
1	0. 6143
0	0. 0004
0	0. 0005
0	0. 0176
0	0. 0158
0	0. 0001
0	0. 0001
0	0. 0180
0	0. 0003
1	0. 6011
1	0. 9998
1	1
0	0. 01050
0	0
0	0. 7509
0	0. 0012
0	0. 2628
1	0. 7188
0	0. 0019
0	0. 0018
0	0. 0015
0	0. 0003
0	0. 0318
0	0
1	0. 0007
0	0
0	0
0	0. 0150
0	0. 0002
0	0
0	0. 0001
0	0. 0006
0	0. 0009
0	0. 0004
0	0. 0007
0	0. 0009
0	0. 0003

排序前	
实际类别	P(Y = 1)
1	1
1	0. 9998
0	0. 7509
1	0. 7188
1	0. 6143
1	0. 6011
1	0. 3256
0	0. 2628
0	0. 0318
0	0. 018
0	0. 0176
0	0. 0158
0	0. 015
0	0. 0105
0	0. 0019
0	0. 0018
0	0. 0017
0	0. 0015
0	0. 0012
0	0. 0009
0	0. 0009
1	0. 0007
0	0. 0007
0	0. 0006
0	0. 0005
0	0. 0005
0	0. 0004
0	0. 0004
0	0. 0003
0	0. 0003
0	0. 0003
0	0. 0002
0	0. 0001
0	0. 0001
0	0. 0001
0	0
0	0
0	0
0	0
0	0

表 3.4　　验证数据分类汇总表

观测\预测	预测类=0	预测类=1	错误率
实际类=0	32	1	3.03
实际类=1	2	5	28.571
总错误率			7.5

验证数据的累积提升曲线如图 3.4 所示。

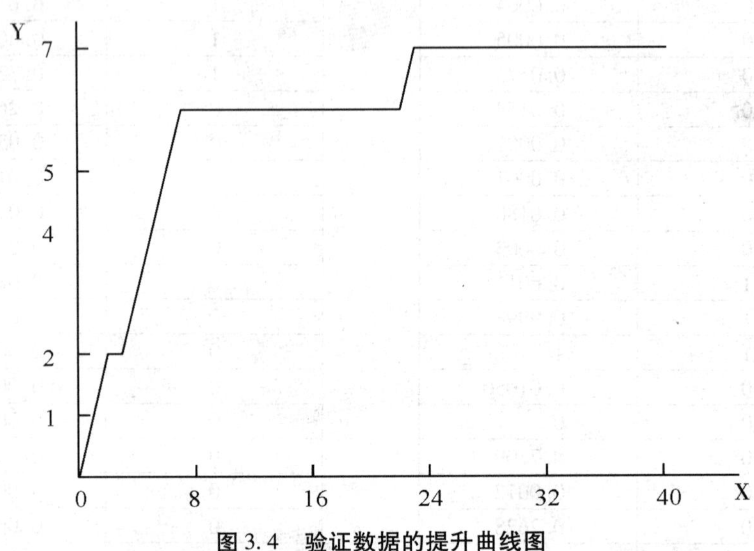

图 3.4　验证数据的提升曲线图

在(0,0)和(40,7)之间连接一条参考线。它代表的是在我们没有模型的情况下随机选取一些记录,这些记录里面阳性记录的期望个数。它为我们提供了一个检验模型效果的基准。我们必须选 10 个住宅区作为高级住宅区,用我们的模型挑选最可能的高级住宅区,提升曲线告诉我们可能会选到 6 个真正的高级住宅区。我们随机地选 10 家我们所能期望的高级住宅区数是 $10 \times 7/40 = 1.75$。这个模型在预测高级住宅区方面给我们一个“提升”,比率为 $6/1.75 = 3.43$。该提升会随着我们选择使用的记录数量改变而改变。当我们使用很少几个数据时(即只用排在最顶上的预测)一个好的分类法会给我们很高的提升。当我们使用更多记录时提升率就会下降。可能的最佳分类法(不犯任何错误的)的提升曲线在起始点和我们现有的曲线吻合,然后保持斜率为 1 直到它达到 6 个成功(所有的成功),最后是一水平线到右端。西南财经大学数据挖掘系统为 Logistic 回归模型在训练数据、验证数据和测试数据上预测的概率均建立了提升曲线图。图 3.5 是为波士顿住房数据中的训练数据建立的提升图。

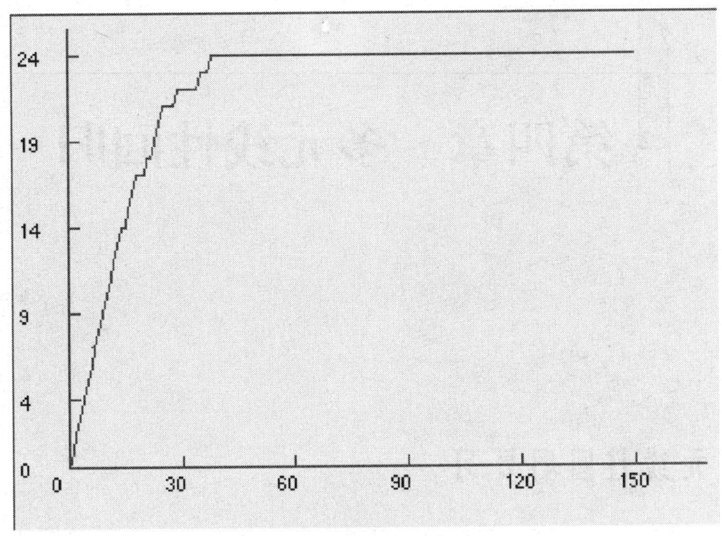

图 3.5 波士顿住房训练数据提升图

3.9 采用三分(Triage)策略的分类

在某些情况下,一个分类法有一个“分辨不出”的选项是有用的。在只有两类的情况下,这意味着对某一个记录我们可能会有3种预测。该记录属于C_0类或者C_1或者我们预测不出来,因为我们没有足够的信息有信心地选C_0或者C_1。对于分类法不能分类的记录,或者通过专家判断,或者通过收集更多的信息(获得这些信息可能更困难、更昂贵)以增加预测变量数来进行更进一步地考查。这类似于在战场退却中经常使用的三分策略(Triage):伤员们被分为身体好到可以撤退的、在当时条件下即使加以治疗也难以撤退的以及加以治疗有可能好起来撤退的。如下是一个处理信用卡交易的例子,在此一个分类法可用于明确地挑选出合法的交易和明显欺诈的交易,同时把剩下的交易留给作决策的人通过检查数据库的数据作出判断。因为绝大多数的交易是合法的,这样的分类法会大大减少专家的工作量。为领会这一策略的要领,我们回顾一下在本章开始考察的简单二分类法:单一预测变量分类法。显然,在分类时不明确的灰色区域是a点附近的区域。在a点,属于这两类的条件概率的比值是1。一个用敏感法则给出的灰色区域的定义是满足

$$t > \frac{p(C_1) \times f_1(x_0)}{p(C_0) \times f_0(x_0)} > 1/t$$

条件的所有X的值。在此t是比率的阈值。通常一个典型的t值是1.05或者1.2。

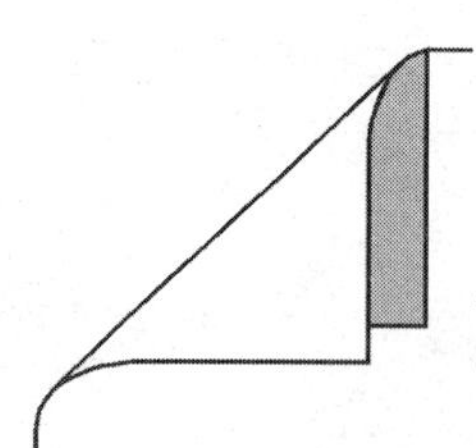

第四章　多元线性回归

4.1　多元线性回归复习

4.1.1　用途

用于预测的最广为人知的数学模型或许是基础统计课上遇到的多元线性回归。多元线性回归适用于大量的数据挖掘案例。比如:从一个信用卡客户的种族地域特征以及以往使用情况来预测其将来使用情况;根据使用情况和环境条件预测设备的出故障时间;根据历史记录预测假日旅行的开支;根据以往数据、产品以及销售信息预测客服部门的人员需求;根据历史信息预测对某些产品进行搭配销售的销售额;预测减价对零售店销售额的影响;等等。

经典的多元线性回归分析包括模型假设、系数估计和检验、方差分析、变量子集选择等许多方面。而数据挖掘中的多元线性回归放宽了模型的假设条件,模型对未来数据进行预测的误差估计由在验证数据上的误差分析直观给出。因此数据挖掘中的多元线性回归是“数据挖掘是简单化了的统计学”这一说法的一个体现。

4.1.2　模型和思想

我们先回顾一下典型的多元回归模型。在此有一个连续随机变量 Y,被称为因变量以及几个自变量 $x_1, x_2, \cdots, x_p$。我们的目的是用输入变量的一个函数来预测输出变量(也被称作结果变量或者因变量)的值。自变量(也被称为预测变量、输入变量、回归变量或者协变量)的值在作预测时是已知的量,模型为

$$Y = \beta_0 + \beta_1 x_1 + \cdots + \beta_p x_p + \varepsilon \quad (4.1)$$

在此模型中 ε 是“噪声”变量,它服从正态分布,$E(\varepsilon) = 0$, $Var(\varepsilon) = \sigma^2$, ε 的值是未知的。另外我们也不知道 $\beta_0, \beta_1, \cdots, \beta_p$ 这些系数的值。我们要用已知数据估计这些($p + 2$)个未知的量。该数据包括 n 条记录(每一条记录是一行

观测值)，即：$y_i, x_{i1}, x_{i2}, \cdots, x_{ip}$，$i = 1,2,\cdots,n$。$\beta$ 系数的估计是通过使变量 Y 的观测值和拟合值(或称为预测值)之间差值的平方和最小化而得到的。这个误差平方和为

$$\sum_{i=1}^{n}(y_i - \beta_0 - \beta_1 x_{i1} - \cdots - \beta_p x_{ip})^2$$

我们把误差平方和最小化的系数值记作 $\hat{\beta}_0, \hat{\beta}_1, \cdots, \hat{\beta}_p$，这些是我们对未知量的估计，被称作 OLS 估计(普通最小二乘估计)。在我们计算出 $\beta_0, \beta_1, \cdots, \beta_p$ 的估计值之后，我们用以下的公式可以得到 σ^2 的无偏估计 $\hat{\sigma}^2$

$$\hat{\sigma}^2 = \frac{1}{n-p-1}\sum_{i=1}^{n}(y_i - \hat{\beta}_0 - \hat{\beta}_1 x_{i1} - \cdots - \hat{\beta}_p x_{ip})^2$$

$$= \frac{\text{残差平方和}}{\text{记录个数} - \text{系数个数}}$$

4.1.3 关于模型的假设

我们把 $\hat{\beta}_0, \hat{\beta}_1, \cdots, \hat{\beta}_p$ 的值代入线性回归模型(4.1)就可以用已知的自变量 $x_1, x_2, \cdots, x_p$ 的值预测因变量的值。预测值 $\hat{Y}$ 是通过 $\hat{Y} = \hat{\beta}_0 + \hat{\beta}_1 x_1 + \cdots + \hat{\beta}_p x_p$ 这个公式计算出来的。据此得出的预测值是无偏(其均值等于真实值)意义下最好的可能预测，与其他的无偏预测值相比其误差平方的期望值最小。我们对模型有以下的假定条件：

(1)因变量的期望值是自变量的线性函数，即

$$E(Y \mid x_1, x_2, \cdots, x_p) = \beta_0 + \beta_1 x_1 + \cdots + \beta_p x_p$$

(2)所有记录里的“噪声”随机变量 ε_i 两两之间相互独立。在此 ε_i 是第 i 个观测值的“噪声”随机变量，$i = 1,2,\cdots,n$。

(3) $E(\varepsilon_i) = 0$，$i = 1,2,\cdots,n$。

(4)等偏离度：对 $i = 1,2,\cdots,n$，ε_i 的标准差相等，即都等于 σ。

(5)正态噪声：随机变量 ε_i 服从正态分布。

一个对我们重要并且有趣的事实是，即使我们丢弃最后的假设条件，并且让噪声变量服从任意的分布，基于系数估计值的预测效果也是很好的。它在最小化误差平方期望值方面是最好的线性预测。换句话说，在所有的形如式(4.1)的线性模型里面，平均而言，使用最小二乘估计值 $\hat{\beta}_0, \hat{\beta}_1, \cdots, \hat{\beta}_p$ 的模型能给出误差平方的最小值。

在经典的多元线性回归建模中正态分布假设是必需的，它用于推算预测值的置信区间。在经典线性回归中可获得的数据稀少，用于拟合回归模型的数据还要用于评价模型的可靠性(用置信区间上下限)。在数据挖掘应用里，我们有两个不同的数据集合：训练数据集合和验证数据集合，它们都可代表自变量和

因变量之间的关系。训练数据用于估计回归系数 $\hat{\beta}_0,\hat{\beta}_1,\cdots,\hat{\beta}_p$，验证数据集合可被看作是一个“掩藏”的样本，它不用在回归系数的估计上。这样的话，我们就可以在不必假定噪声变量服从正态分布的情况下估计预测误差。我们使用训练数据拟合模型并估计回归系数。然后用这些系数估计值对验证数据的每一个记录进行结果变量预测。对验证数据的每一个记录比较结果变量的预测值和实际观测值。这一误差平方的平均值可用来比较不同的模型和评价用模型进行预测的精度。

4.2 回归过程举例

例：监理员工作评价数据

表 4.1 显示的数据来自一家大型金融机构。在我们的分析中因变量是对监理员工作绩效的总评价，自变量（或者预测变量）是其下属职员（雇员）对监理员工作各方面给出的分数。所有的打分都在 1 到 5 之间。这些分数是对该机构 30 个部门，每一个部门样本为 25 名职员的问卷调查的结果。作这个分析的目的是探索使用问卷调查预测监理员工作绩效的可行性，从而节约采用直接调查方法以获得监理员工作绩效所需要的大量时间和精力。在这个例子里，变量是问卷调查需回答的条目，其描述如下：

Y：工作绩效

*X*1 ：处理雇员意见的能力

*X*2 ：是否允许雇员得到一些特别利益

*X*3 ：雇员学习新东西的机会

*X*4 ：根据工作效果予以奖励

*X*5 ：对于雇员的工作要求过于严格

*X*6 ：提拔到更好工作的比例

表 4.1　　该机构 30 个部门雇员评分数据

雇员	Y	X1	X2	X3	X4	X5	X6
1	43	51	30	39	61	92	45
2	63	64	51	54	63	73	47
3	71	70	68	69	76	86	48
4	61	63	45	47	54	84	35
5	81	78	56	66	71	83	47
6	43	55	49	44	54	49	34
7	58	67	42	56	66	68	35
8	71	75	50	55	70	66	41

表 4.1(续)

雇员	Y	X1	X2	X3	X4	X5	X6
9	72	82	72	67	71	83	31
10	67	61	45	47	62	80	41
11	64	53	53	58	58	67	34
12	67	60	47	39	59	74	41
13	69	62	57	42	55	63	25
14	68	83	83	45	59	77	35
15	77	77	54	72	79	77	46
16	81	90	50	72	60	54	36
17	74	85	64	69	79	79	63
18	65	60	65	75	55	80	60
19	65	70	46	57	75	85	46
20	50	58	68	54	64	78	52
21	50	40	33	34	43	64	33
22	64	61	52	62	66	80	41
23	53	66	52	50	63	80	37
24	40	37	42	58	50	57	49
25	63	54	42	48	66	75	33
26	66	77	66	63	88	76	72
27	78	75	58	74	80	78	49
28	48	57	44	45	51	83	38
29	85	85	71	71	77	74	55
30	82	82	39	59	64	78	39

在用西南财经大学数据挖掘系统打开数据文件后,点击“有约束学习”得到数据挖掘建模界面,在数据划分框中选择“简单划分”并点击“划分”按钮。如图 4.1 所示。

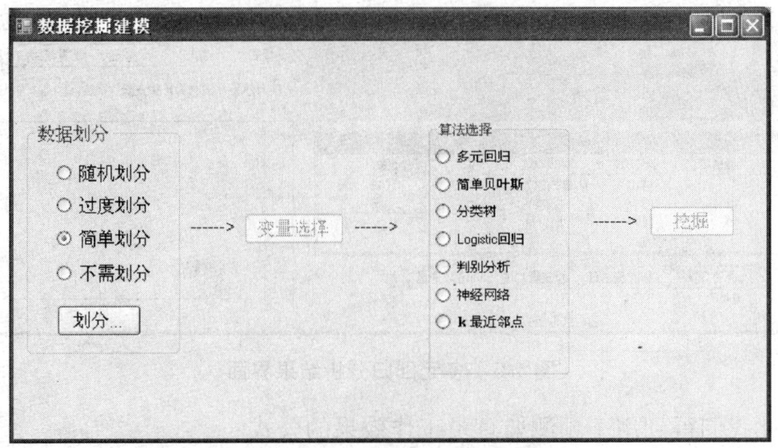

图 4.1　在数据挖掘建模界面选择数据划分方式

在简单划分界面，我们把前 20 个数据作为训练数据，后 10 个数据作为验证数据。如图 4.2 所示。

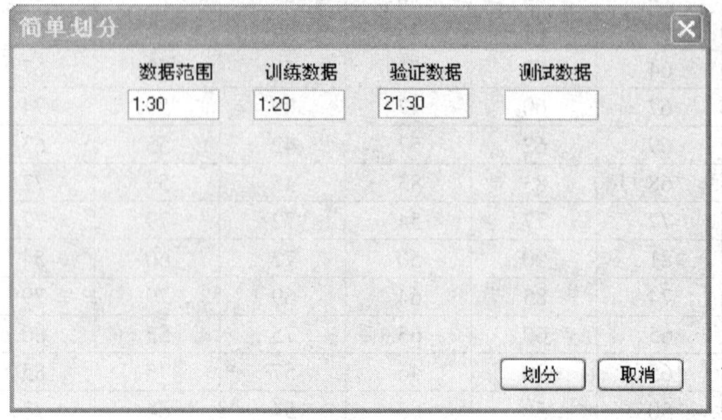

图 4.2　对数据集合进行简单划分

因为我们的数据集合里只有 6 个预测变量，所以没有必要进行变量选择。在忽略了变量选择步骤后，回到数据挖掘建模界面。在算法选择框中选择多元回归。然后点击“挖掘”按钮。在弹出的模型角色设置界面把变量设置完毕后点击右下角的“多元回归”按钮。我们得到的多元回归分析结果和预测结果分别如图 4.3 和图 4.4 所示。

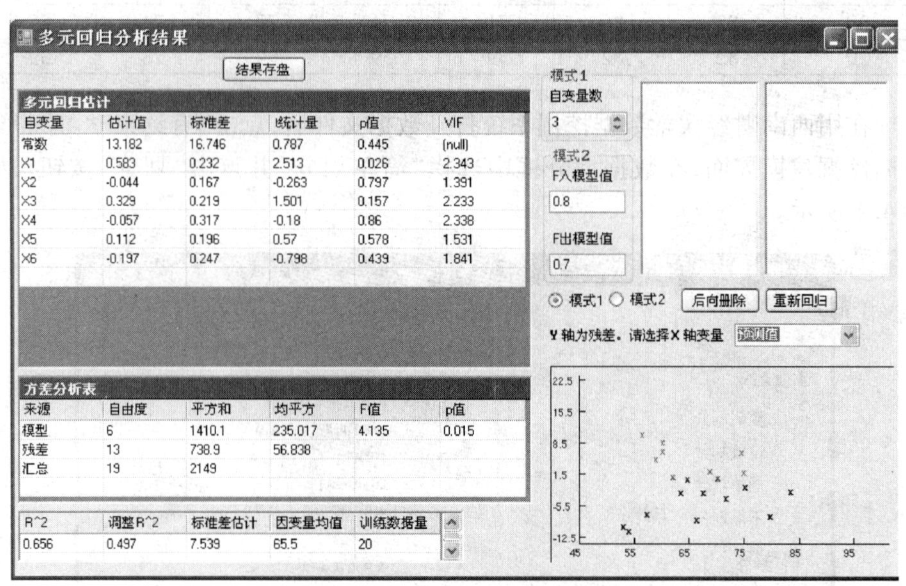

多元回归估计

自变量	估计值	标准差	统计量	p值	VIF
常数	13.182	16.746	0.787	0.445	(null)
X1	0.583	0.232	2.513	0.026	2.343
X2	-0.044	0.167	-0.263	0.797	1.391
X3	0.329	0.219	1.501	0.157	2.233
X4	-0.057	0.317	-0.18	0.86	2.338
X5	0.112	0.196	0.57	0.578	1.531
X6	-0.197	0.247	-0.798	0.439	1.841

方差分析表

来源	自由度	平方和	均平方	F值	p值
模型	6	1410.1	235.017	4.135	0.015
残差	13	738.9	56.838		
汇总	19	2149			

R^2	调整R^2	标准差估计	因变量均值	训练数据量
0.656	0.497	7.539	65.5	20

图 4.3　多元回归分析结果界面

因此我们得到用于预测监理员工作效果的公式

$$Y = 13.182 + 0.583X_1 - 0.044X_2 + 0.329X_3 - 0.057X_4 + 0.112X_5 - 0.197X_6$$

应用训练数据得到的模型标准差估计为 $\hat{\sigma} = 7.539$。

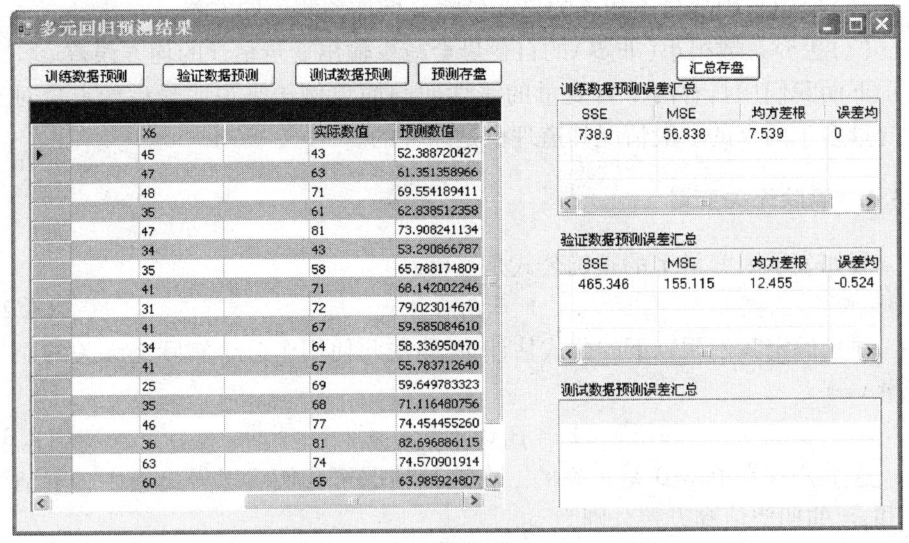

图 4.4　多元回归预测结果界面

注意在验证数据上预测值的平均误差很小(−0.524),因此预测是无偏的。更进一步,这些误差大致服从正态分布,因此大约 95% 的记录里,预测值距离真实值的偏差在 ±24.91(标准差的 2 倍)之内。

4.3　线性回归的自变量选择

数据挖掘中经常遇到这样一个问题:在我们用回归方程预测一个因变量的值时有太多的变量可作模型的自变量。在现代拥有高速算法的情况下,有人可能会想:为什么还要去选择自变量,把模型里的所有变量都用上好了。以下是为什么不这样做的原因。

(1)收集所有变量的数据用于将来的预测可能成本太大(或者不可行)。

(2)对于较少的变量我们可能会给出更精确的测量。

(3)当观测值里有一些缺损值时,如果采用较少的变量作自变量,我们可能会少删除一些记录的观测值。

(4)精炼是一个好模型的重要特性。我们对具有较少参数的模型里回归变量的影响理解得更好。

(5)在有许多变量的模型里,因为存在多重共线性(即有一个预测变量是其他一些预测变量的线性组合)回归系数的估计可能不稳定。精练模型的回归系数的估计要稳定的多。对此一个经验法则是 $n \geq 5(k+2)$(在此 n = 记录个数,

k = 自变量个数)。

(6)使用与因变量不相关的自变量将会增加预测值的方差。

(7)丢弃系数很小(非零)的自变量会减少输出变量估计的均方误差。

下面我们用具有两个自变量的线性回归简单例子来说明最后两点。对于自变量多于两个的一般情况其道理也是一样的。

4.3.1 删除无关变量

假如表示因变量 Y 的正确公式是

$$Y = \beta_1 x_1 + \varepsilon \tag{4.2}$$

并且假定我们用以下的公式估计 Y(即在此使用了一个实际上无关的额外变量 x_2)

$$Y = \beta_1 x_1 + \beta_2 x_2 + \varepsilon \tag{4.3}$$

这个公式在 $\beta_2 = 0$ 是正确的。在这种情况下我们可以得出最小二乘估计 $\hat{\beta}_1$ 和 $\hat{\beta}_2$ 的期望值和方差分别为

$$E(\hat{\beta}_1) = \beta_1 \qquad Var(_1) = \frac{\sigma^2}{(1 - R_{12}^2)\sum x_{i1}^2}$$

$$E(\hat{\beta}_2) = 0 \qquad Var(_2) = \frac{\sigma^2}{(1 - R_{12}^2)\sum x_{i2}^2}$$

在此 R_{12} 是 X_1 和 X_2 之间的相关系数。我们可以看到 $\hat{\beta}_1$ 是 β_1 的无偏估计,$\hat{\beta}_2$ 是 β_2 的无偏估计。然而,$\hat{\beta}_1$ 的方差比我们用等式(4.2)得到的方差大得多。采用等式(4.2)我们有

$$E(\hat{\beta}_1) = \beta_1 \qquad Var(\hat{\beta}_1) = \frac{\sigma^2}{\sum x_{i1}^2}$$

这里的方差是无偏估计的误差平方的期望值。因此把不相关的变量包括进来作预测会使结果变坏。即使 X_1 和 X_2 不相关,即 $R_{12} = 0$,$\hat{\beta}_1$ 在这两个模型里的方差相同,我们可以证明基于(4.3)的预测的方差也比基于(4.2)的预测的方差大,因为对 β_2 的估计加进了部分方差。

尽管我们的分析是建立在一个相关自变量和一个不相关自变量上的,这个结果对于一般模型的情况也是适用的。使用无不相干变量的模型作预测总是会好一些。

4.3.2 删除系数值很小的自变量

假定现在的情况和上面讨论的正相反,即等式(4.3)是正确的,但我们忽略模型里的 X_2 使用等式(4.2)进行估计和预测。为简单起见,假定我们已经把变量 X_1 、X_2 和 Y 的值标准化使得它们的方差等于1。在这种情况下,最小二乘估

计 $\hat{\beta}_1$ 的期望值和方差如下

$$E(\hat{\beta}_1) = \beta_1 + R_{12}\beta_2 \quad Var(\hat{\beta}_1) = \sigma^2$$

注意 $\hat{\beta}_1$ 是 β_1 的有偏估计，偏差等于 $R_{12}\beta_2$，其均方差（MSE）

$$\begin{aligned} MSE(\hat{\beta}_1) &= E[(\hat{\beta}_1 - \beta_1)^2] \\ &= E[\{\hat{\beta}_1 - E(\hat{\beta}_1) + E(\hat{\beta}_1) - \beta_1\}^2] \\ &= [Bias(\hat{\beta}_1)^2] + Var(\hat{\beta}_1) \\ &= (R_{12}\beta_2)^2 + \sigma^2 \end{aligned}$$

如果我们使用等式(4.3)，最小二乘估计 $\hat{\beta}_1$ 和 $\hat{\beta}_2$ 的期望值和方差如下

$$E(\hat{\beta}_1) = \beta_1 \qquad Var(\hat{\beta}_1) = \frac{\sigma^2}{(1 - R_{12}^2)}$$

$$E(\hat{\beta}_2) = \beta_2 \qquad Var(\hat{\beta}_2) = \frac{\sigma^2}{(1 - R_{12}^2)}$$

现在我们来比较 $X_1 = \mu_1, X_2 = \mu_2$ 时采用等式(4.2)和采用等式(4.3)预测 Y 的均方差。采用(4.2)时

$$\begin{aligned} MSE_2(\hat{Y}) &= E[(\hat{Y} - Y)^2] \\ &= E[(u_1\hat{\beta}_1 - u_1\beta_1 - \varepsilon)^2] \\ &= u_1^2 MSE_2(\hat{\beta}_1) + \sigma^2 \\ &= u_1^2(R_{12}\beta_2)^2 + u_1^2\sigma^2 + \sigma^2 \end{aligned}$$

采用(4.3)时

$$\begin{aligned} MSE_3(\hat{Y}) &= E[(\hat{Y} - Y)^2] \\ &= E[(u_1\hat{\beta}_1 + u_2\hat{\beta}_2 - u_1\beta_1 - u_2\beta_2 - \varepsilon)^2] \\ &= Var(u_1\hat{\beta}_1 + u_2\hat{\beta}_2) + \sigma^2 \end{aligned}$$

因为 $\hat{Y}$ 是无偏的，上式

$$\begin{aligned} &= u_1^2 Var(_1) + u_2^2 Var(_2) + 2u_1u_2Cov(_1, _2) + \sigma^2 \\ &= \frac{(u_1^2 + u_2^2 - 2u_1u_2R_{12})}{(1 - R_{12}^2)}\sigma^2 + \sigma^2 \end{aligned}$$

采用等式(4.2)对于许多 u_1, u_2, R_{12} 和 $(\beta_2/\sigma)^2$ 的组合值都会得到较小的均方差。例如，如果 $u_1 = 1, u_2 = 0$，当

$$(R_{12}\beta_2)^2 + \sigma^2 < \frac{\sigma^2}{1 - R_{12}^2}$$

或者 $\dfrac{|\beta_2|}{\sigma} < \dfrac{1}{\sqrt{1 - R_{12}^2}}$ 时，$MSE_2(\hat{Y}) < MSE_3(\hat{Y})$

如果 $\dfrac{|\beta_2|}{\sigma} < 1$，对于所有的 R_{12}^2 值，上面的不等式恒成立。如果 $R_{12}^2 > 9$，对于

$\frac{|\beta_2|}{\sigma} < 2$ 的数值组合上面的不等式也成立。

总之,接受一些偏差可以降低均方差。这一偏差和均方差的交换也适用于有几个自变量的模型的情况,而且当 p(预测变量个数)的值很大时特别地重要。因为这种情况下很有可能出现模型里的几个变量的系数相对于噪声的标准差很小、并且有的变量展现出和其他变量不可忽视的相关性的现象。把这些变量剔除会改进预测,因为这样可以降低均方差。

这种偏差和均方差的交换是进行预测和分类的大多数数据挖掘过程的一个基本方面。

4.3.3 自变量子集选择算法

当 p 很大时,选择自变量子集以改进均方差是一个难度很大的计算问题。对于 $p > 20$ 的情况,最普通的方法是大致选择"好的"子集而不是针对某一给定标准寻找"最好的"子集。通常有 3 种方法:前向选择、后向删除和逐步回归。在统计软件里最经常使用的方法是逐步精简法。

(1)前向选择

在使用这种方法时,每一次我们向自变量子集里增加一个变量以得到一个合理的好子集。其步骤如下:

①从自变量子集(S)的常数项开始;

②计算因加入一个不属于 S 的变量而导致的残差平方和(SSE)的降低,找出降低最多的变量,比如 i,计算

$$F_i = \underset{i \notin S}{\mathrm{Max}} \frac{SSE(S) - SSE(S \cup \{i\})}{\hat{\sigma}^2(S \cup \{i\})}$$

如果 $F_i > F_{in}$(F_{in} 通常的取值范围是[2,4]),就把变量 i 加到子集 S;

③重复步骤 2 直到再无变量可加。

(2)后向删除

后向删除算法的步骤如下:

①把所有变量(不包括因变量)放入自变量子集(S);

②计算因减掉一个属于 S 的变量而导致的残差平方和(SSE)的增加,找出增加最小的变量,比如 i,计算

$$F_i = \underset{i \notin S}{\mathrm{Min}} \frac{SSE(S - \{i\}) - SSE(S)}{\hat{\sigma}^2(S)}$$

如果 $F_i > F_{out}$(F_{out} 通常的取值范围是[2,4]),就把变量 i 从子集 S 中拿掉;

③重复步骤 2 直到再无变量可减。

后向删除的优点是在某个阶段所有变量都被包括在 S 中，这弥补了前向选择的一个缺陷：即便是一个更好的变量，如果前面已经选择了一个和它紧密相关的变量的话，那么这个变量就不会被选择了。后向选择的缺点是在开始阶段模型包括了所有变量，在进行计算时要花费大量的时间，并且算法可能会不稳定。

西南财经大学数据挖掘系统具有后向删除的变量子集选择功能。在多元回归分析结果界面的右上角就是该功能模块。在此有两种模式，模式 1 针对的是对 F 值概念和意义理解不多的非统计专业人员的用户，模式 2 针对的是统计或数据分析专家。我们现在使用模式 1 对波士顿住房数据的 13 个自变量集合进行后向删除。在做多元回归分析得到结果之后，在回归分析结果界面的右上角模式 1 下面的自变量数域内输入最佳子集的自变量数为 8，点击“后向删除”按钮；系统运行一段时间后会把得到的最佳自变量子集显示在旁边的列表框里。如图 4.5。

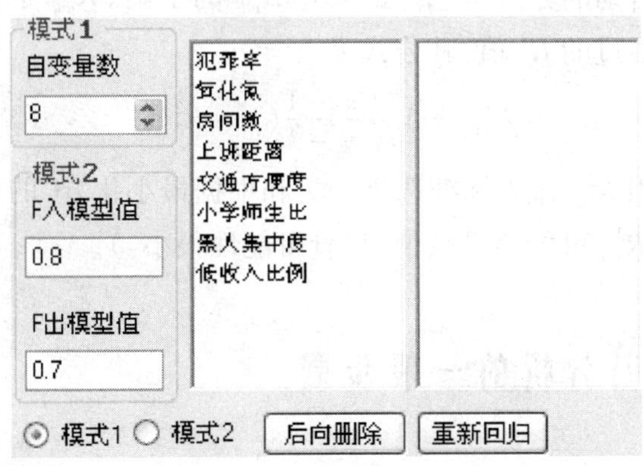

图 4.5　最佳自变量子集选择方法——后向删除法

(3)逐步回归

这一方法和前向选择类似，但在每一步我们也会像使用后向删除算法一样拿掉变量。在 $F_{in} > F_{out}$ 的情况下，收敛是有保证的（但也可能会出现一个变量进入 S，下一次可能被剔除出去，再下一回又被选入 S 的情况）。

如前所述，这些方法可以选出一个好的子集。针对不同的自变量子集的大小，这些方法的衍生方法可以挑选出和最佳选择很接近的子集来。但是任何方法都不能保证得到诸如 R_{adj}^2 标准意义上的最佳子集。它们是针对自变量的个数大时的合理方法。但是当自变量个数不大时下面讨论的方法会更好一些。

4.3.4　全部子集回归法

这种方法的思想是对所有的自变量子集进行评价。对每一个子集我们计

算一个 R_{adj}^2 值,然后选择最好的子集。通常这种方法只有在 $p < 20$ 才可行。

4.3.5 挑选变量子集以改进预测

全子集回归方法(以及各种粗略算法的衍生方法)将产生许多子集。因为即使 p 不很大子集的数量也会很大,我们需要某种办法考察最有可能是最佳子集的一些子集,并从中作出选择。用于区别子集的一个本能的标准是 R^2,但是 $R^2 = 1 - \frac{SSE}{SST}$,其中 SST 是总的误差平方和,它是模型只有常数项时的残差平方和。如果我们完全以 R^2 作为标准,那么最好的选择是包含 p 个变量的全模型。如果同时还把模型精简作为标准,一种方法就是对每一个可能的模型系数(包括常数项)个数 $k, k = 2, 3, \cdots, p+1$,选出 R^2 最大的子集,然后考察 R^2 作为 k 的函数在这些子集上的增长。我们的最佳子集的特征就是:比它大的子集的 R^2 不显著大。

另一个更为自动的方法是选择最大化 R_{adj}^2 的子集。R_{adj}^2 是根据记录个数和模型系数个数调整过的 R^2 值,其公式为

$$R_{adj}^2 = 1 - \frac{n-1}{n-k}(1 - R^2)$$

可以证明使用 R_{adj}^2 作为标准选择子集和根据最小化 $\hat{\sigma}^2$ 的标准选择子集是等价的。(注意:R_{adj}^2 可能会是负值,尽管可能性很小。)

4.4 线性回归分析的一般步骤

一般而言,做线性回归分析要遵循以下几个步骤:

(1)获取模型系数和统计量

西南财大数据挖掘系统的多元回归分析结果界面给出了回归系数的估计值、有关的假设检验统计量和 p 值以及表征自变量之间是否存在多重共线性的方差膨胀因子(VIF)。

(2)诊断模型是否满足假设的条件,如果有问题就要采取补救措施

对于一个假定的线性模型,西南财大数据挖掘系统多元回归分析结果界面上的画图部分可以画任意自变量和残差之间的散点图,这些散点图可用于检验对误差的零均值和等方差性假设;自变量间是否存在多重共线性有各自变量对应的 VIF 判定;各自变量是否对结果变量有贡献可由系数估计的 p 值决定。补救措施可以是改变自变量集合、变量代换等。

(3)使用模型统计量评价模型拟合状况

西南财大数据挖掘系统的多元回归分析结果界面不仅给出了传统回归分析里的方差分析(ANOVA)表,其预测结果界面还给出了数据挖掘所特有的模型在训练数据、验证数据和测试数据集合上的预测结果和误差分析报告。

(4)如果模型通过了一系列的评价测试,我们就可以用这个模型来解释各自变量的作用以及用这个模型产生预测。

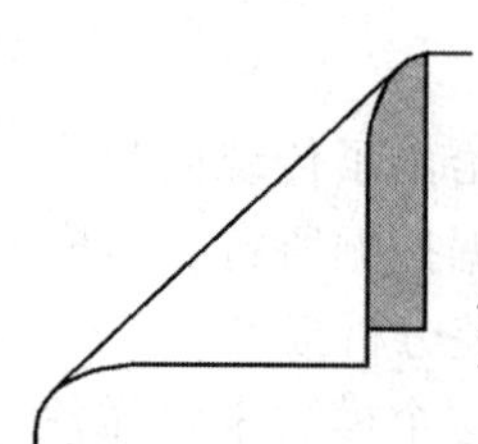

第五章 Logistic 回归

Logistic 回归的思想由多元线性回归发展而来，它适用的情形是因变量(或称作被解释变量) y 是二值的(我们经常将这两个值编码为 0 和 1)情况。和多元线性回归模型一样，$x_1, x_2, \cdots, x_k$ 这些自变量(或称作解释变量)可以是类别变量或连续变量或者二者皆有。在多元线性回归中我们估计的是连续型自变量的值,而在 Logistic 回归中我们估计的是因变量等于 1 的概率。然后我们可以根据所得的概率值来对每个个案进行分类,或者划分到因变量为 0 的类或者划分到因变量为 1 的类。

以下我们举一些例子来说明 Logistic 回归方法适用的问题和解决方案。

5.1 一个简单例子

例 1:表 5.1 中的数据是对 33 个人进行的关于年龄和是否得冠心病关系的一项调查。

表 5.1 冠心病和年龄关系表

年龄	冠心病	年龄	冠心病	年龄	冠心病
22	0	40	0	54	0
23	0	41	1	55	1
24	0	46	0	58	1
27	0	47	0	60	1
28	0	48	0	60	0
30	0	49	1	62	1
30	0	49	0	65	1
32	0	50	1	67	1
33	0	51	0	71	1
35	1	51	1	77	1
38	0	52	0	81	1

用 X 轴表示年龄，Y 轴表示是否得冠心病，西南财大数据挖掘系统给出的散点图如图 5.1。

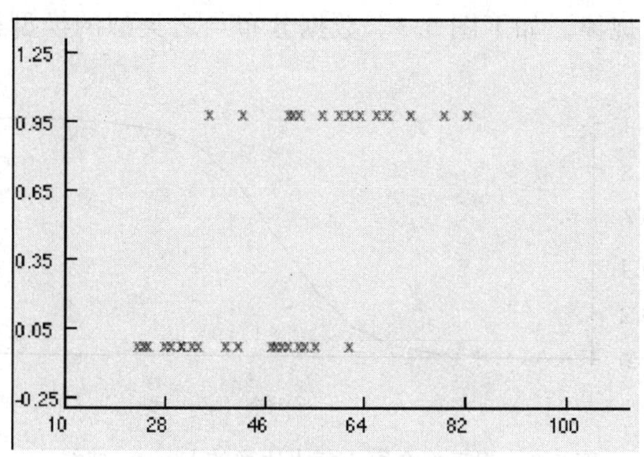

图 5.1 冠心病和年龄的关系

对于这样的数据，显然地建立线性模型来拟合不恰当。因为自变量和因变量之间不是线性关系，而且线性回归预测的结果变量的值可能不等于 0 和 1。即使结果变量设为一个人得冠心病的概率，线性回归模型结果变量的预测值可能会超过 0 和 1 之间的范围，作为概率这是不允许出现的情况。

如果我们把数据按 10 岁的年龄间隔进行分组，表 5.1 所包含的信息可以转化到表 5.2。把年龄组用 1 ~7 个个位数字表示，年龄组和冠心病比率的关系如图 5.2。

表 5.2 按年龄分组的冠心病人数据

年龄组	组内人数	冠心病人数	冠心病比率
20 - 29	5	0	0
30 - 39	6	1	17
40 - 49	7	2	29
50 - 59	7	4	57
60 - 69	5	4	80
70 - 79	2	2	100
80 - 89	1	1	100

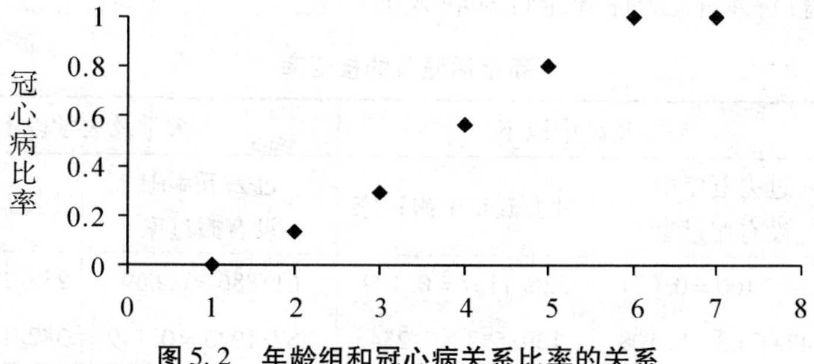

图 5.2 年龄组和冠心病关系比率的关系

图 5.2 的数据有一个显著的特点，这就是在年龄很小时得冠心病的概率几乎为 0，而在年龄很大时得冠心病的概率却很大。人们发现 Logistic 函数可用来很好地模拟这一规律。如下图 5.3。数据分布与之类似的模型被称为 Logistic 回归模型。

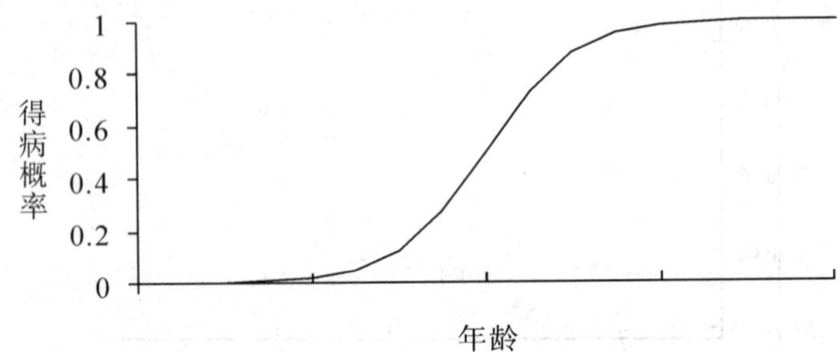

图 5.3　用于拟合冠心病人比率的 Logistic 曲线

5.2　Logistic 回归模型

Logistic 回归模型被用于许多领域，可以说只要需要结构化模型来解释或预测二元变量的结果的时候都可以使用该模型。应用之一是经济计量学中对客户选择行为的描述。用于描述选择行为的 Logistic 模型，是根据 Manski 提出的随机效用理论建立的，该理论是对标准的消费者行为理论的扩展。

消费者行为理论是指当面临一组选择时，消费者选择的标准是效用最大化。假定消费者对满足合理标准的选择有偏好顺序。偏好顺序取决于每个个体的社会经济学特征（如上面例 1 所示）和选择的属性。随机效用模型认为选择的效用包含有随机成分。当我们认为该随机成分来自一个“合理”的分布时，道理上讲就可以建立 Logistic 回归模型来预测选择行为。

例 2：表 5.3 中的数据由美国的 AT&T 公司进行的一项调查而来，得到的样本是全美国愿意合作的住户。我们感兴趣的是采用一项新电话服务的住户比率，它是受教育水平、居住稳定性和收入的函数。

表 5.3　新电话服务的接受率

	高中及高中以下		大学及大学以上	
	过去五年中没有搬过家	过去五年中搬过家	过去五年中没有搬过家	过去五年中搬过家
低收入	153/2160 = 0.071	226/1137 = 0.199	61/886 = 0.069	233/1091 = 0.214
高收入	147/1363 = 0.108	139/547 = 0.254	287/1925 = 0.149	382/1415 = 0.270

表 5.3 中单元格分数的分子是接受服务的人数，分母是该调查中那个类别的总人数。样本中总的接受概率是 1628/10 524 = 0.155。然而，接受的概率随着类别解释变量（教育、居住稳定性、收入）的变化而变化。低收入、居住稳定并且受过某种大学教育的家庭的接受率最低，是 0.069。高收入、居住不稳定并且受过某种大学教育的家庭的接受率最高，是 0.270。

如果令 $y = 1$ 表示选择某个特定的选项，对应地 $y = 0$ 表示不选择该选项，那么 Logistic 回归模型形式如下

$$P(Y = 1 \mid x_1, x_2, \cdots, x_k) = \frac{\exp(\beta_0 + \beta_1 * x_1 + \cdots + \beta_k * x_k)}{1 + \exp(\beta_0 + \beta_1 * x_1 + \cdots + \beta_k * x_k)}$$

其中 $\beta_0, \beta_1, \beta_2, \cdots, \beta_k$ 是未知的常数，和多元线性模型表达式的系数类似。

如果我们用 Logistic 模型拟合例 2 的数据，模型的解释变量为：

$x_1 \equiv$ 教育：高中及高中以下 =0，大学及大学以上 =1；

$x_2 \equiv$ 居住稳定性：过去五年没搬过家 =0，过去五年搬过家 =1；

$x_3 \equiv$ 收入：低 =0，高 =1。

表 5.3 的数据以另一种汇总格式表示如表 5.4。

表 5.4 **新电话服务数据**

x_1	x_2	x_3	在样本中的数量	采用者数量	非采用者数量	采用者比例
0	0	0	2160	153	2007	0.071
0	0	1	1363	147	1216	0.108
0	1	0	1137	226	911	0.199
0	1	1	547	139	408	0.254
1	0	0	886	61	825	0.069
1	1	0	1091	233	858	0.214
1	0	1	1925	287	1638	0.149
1	1	1	1415	382	1033	0.27
			10 524	1628	8896	1.000

在真实的数据文件中，常见的数据行形式如下：

使用服务	X_1	X_2	X_3
0	0	1	0
1	1	0	1
0	0	0	0

也就是说，给定 X_1，X_2，X_3 的值，$Y = 1$ 的概率将由如上的表达式来估计。

5.3 机会比(Odds Ratio)

Odds Ratio 一词在关于 Logistic 回归的中文文献里常见的几个对应词为:机会比、概率比、比值比、优比,在医学等应用领域读者还可以发现另外的译法。其实每一种译法都有其合理性。为了准确理解这个术语,让我们看一下例 3。

例 3:在一个具有 17 个家庭的样本里,共有 3 家的收入为 ¥10 000,5 家的收入为 ¥11 000,9 家的收入为 ¥12 000。在收入为 ¥10 000 的家庭里,1 个主妇不工作,2 个主妇工作;在收入为 ¥11 000 的家庭里,1 个主妇不工作,4 个主妇工作;在收入为 ¥12 000 的家庭里,1 个主妇不工作,8 个主妇工作。这些信息可用表 5.5 表示出来。

表 5.5　　17 个家庭的样本数据

收入	主妇工作状况		总计
	0(不工作)	1(工作)	
10	1	2	3
11	1	4	5
12	1	8	9
总计	3	14	17

在解释 Odds Ratio 之前,我们先弄明白 Odds 在 Logistic 回归里的含义。表 5.6 给出了各收入群体里主妇工作的 Odds。

表 5.6　　17 个家庭的样本里主妇工作的 Odds

收入	主妇工作状况		工作的 Odds
	0(不工作)	1(工作)	
10	1	2	2/1 = 2
11	1	4	4/1 = 4
12	1	8	8/1 = 8

如果我们想比较收入为 ¥10 000 家庭的主妇工作的 Odds 和收入为 ¥11 000 家庭的主妇工作的 Odds,用收入为 ¥11 000 家庭的主妇工作的 Odds 除以收入为 ¥10 000 家庭的主妇工作的 Odds,我们会得到 4/2 = 2。类似地,用收入为 ¥12 000 家庭的主妇工作的 Odds 除以收入为 ¥11 000 家庭的主妇工作的 Odds,我们得到 8/4 = 2。注意当收入增加 1 个单位(¥1000)工作的 Odds 增加到原来的 2 倍。这就是 Odds Ratio 的含义。在这个例子中,我们把收入每增

加 1 个单位，主妇工作的 Odds 增加到原来的 2 倍。

现在我们回过头来分析例 2。例 2 的 Logistic 模型是

$$P(Y = 1 \mid x_1, x_2, x_3) = \frac{\exp(\beta_0 + \beta_1 * x_1 + \beta_2 * x_2 + \beta_3 x_3)}{1 + \exp(\beta_0 + \beta_1 * x_1 + \beta_2 * x_2 + \beta_3 * x_3)}$$

请注意

$$\exp(\beta_0) = \frac{P(Y = 1 \mid x_1 = x_2 = x_3 = 0)}{P(Y = 0 \mid x_1 = x_2 = x_3 = 0)}$$

$$= \text{基本类别客户}(x_1 = x_2 = x_3 = 0)\text{采用的 } Odds$$

$$\exp(\beta_1) = \frac{x_1 = 1, x_2 = x_3 = 0 \text{ 类别的客户采用的 } Odds}{\text{基本类别客户采用的 } Odds}$$

$$\exp(\beta_2) = \frac{x_2 = 1, x_1 = x_3 = 0 \text{ 类别的客户采用的 } Odds}{\text{基本类别客户采用的 } Odds}$$

$$\exp(\beta_3) = \frac{x_3 = 1, x_1 = x_2 = 0 \text{ 类别的客户采用的 } Odds}{\text{基本类别客户采用的 } Odds}$$

根据例 3 对 Odds Ratio 的解释，我们可以对系数 β_0，β_1，β_2 和 β_3 的作用有一个基本的理解。

考虑到给定 x_1，x_2，x_3 的值，采用新电话服务的

$$Odds = \exp(\beta_0) * \exp(\beta_1 x_1) * \exp(\beta_2 x_2) * \exp(\beta_3 x_3)$$

$$=(\text{基本类别客户采用的 } Odds) * (x_1 \text{ 的影响}) * (x_2 \text{ 的影响}) * (x_3 \text{ 的影响})$$

Logistic 模型的表达式可以理解为由 Odds 乘除而来。

如果 $x_1 = 1$，不管 x_2 和 x_3 的值是什么，接受新电话服务的 Odds 都要乘以"$x_1 = 1$ 的影响"因子。类似地 x_2 和 x_3 的影响也不随着其余变量的影响的变化而变化。变量的影响因子告诉我们该因子的存在对接受新电话服务的 Odds 的影响。

如果 $\beta_i = 0$，表示相应的因子的存在对 Odds 没有影响（相当于 Odds 乘以 1）。如果 $\beta_i < 0$，表示该因子的存在减少了接受的 Odds（和概率），而如果 $\beta_i > 0$，表示该因子的存在增加了接受的概率。

估计 β 系数的计算过程需要循环步骤。常见的程序输出结果显示如表 5.7。

表 5.7　Logistic 回归模型系数估计

					odds 的 95% 置信区间	
变量	系数	标准误差	p－值	Odds	下限	上限
常数项	－2.5	0.058	0	0.082	0.071	0.095
x_1	0.161	0.058	0	1.175	1.048	1.316
x_2	0.992	0.056	0	2.698	2.416	3.013
x_3	0.444	0.058	0	1.56	1.393	1.746

5.4 概率

得到这些系数的估计值后，对每一个住户只要代入相应的解释变量 x_1，x_2 和 x_3 的值，我们就可以估计出该住户接受新电话服务的概率

$$P(Y=1 \mid x_1, x_2, x_3)=\frac{\exp(-2.500+0.161*x_1+0.992*x_2+0.444*x_3)}{1+\exp(-2.500+0.161*x_1+0.992*x_2+0.444*x_3)}$$

使用该模型对接受这一新电话服务总人数的估计如下：对于每一个（x_1，x_2，x_3）的组合，属于该组合类别的总住户数乘以上面的概率，可以得到该类别采用新服务的住户数；然后把对应于 X_1，X_2 和 X_3 所有组合的住户数加到一起。

表 5.8 显示的是属于解释变量的各种组合类别的接受新电话服务的住户数以及接受新电话服务的概率估计。

表 5.8 接受新电话服务的概率估计

x_1	x_2	x_3	样本住户数	实际采用户数	不采用户数	实际采用比例	$P(Y=1 \mid x_1,x_2,x_3)$ 的估计值
0	0	0	2160	153	2007	0.071	0.076
0	0	1	1363	147	1216	0.108	0.113
0	1	0	1137	226	911	0.199	0.181
0	1	1	547	139	408	0.254	0.257
1	0	0	886	61	825	0.069	0.088
1	1	0	1091	233	858	0.214	0.206
1	0	1	1925	287	1638	0.149	0.131
1	1	1	1415	382	1033	0.27	0.289

在数据挖掘应用中，我们从样本中保留一部分数据不用于拟合模型，这部分数据是验证数据。现在，我们可以用验证数据来检验该模型。

假定我们的验证数据由 508 个住户信息组成，显示如表 5.9。

表 5.9 验证数据里接受新电话服务的估计误差

x_1	x_2	x_3	验证数据类别户数	验证数据实际采用数	估计采用数	误差（估计数－实际数）
0	0	0	29	3	2.199 508 829	−0.800 490 828
0	0	1	23	7	2.609 970 361	−4.390 029 332
0	1	0	112	25	20.302 029 44	−4.697 968 993

表 5.9(续)

x_1	x_2	x_3	验证数据类别户数	验证数据实际采用数	估计采用数	误差（估计数 - 实际数）
0	1	1	143	27	36.705 132 6	9.705 133 471
1	0	0	27	2	2.373 982 216	0.373 982 568
1	1	0	54	12	11.145 029 96	-0.854 969 242
1	0	1	125	13	16.337 896 57	3.337 898 368
1	1	1	85	30	24.528 280 63	-5.471 717 729
总计			598	119	116.201 830 6	-2.798 161 717

总的误差是 -2.798 个采用用户，采用户数估计误差的百分率是 -2.798/119 = -2.4%。

和多元线性回归一样，我们可以通过加入解释变量的交叉项来反映独立变量之间的相互作用以建立更复杂的模型。例如，如果我们认为 x_1 和 x_2 之间有交叉影响，那么可以增加一个交叉项 $x_4 = x_1 \times x_2$。

5.5 模型拟合的又一个例子

例 4：银行的财务状况

表 5.10 的数据是对一些银行抽样的结果。第 2 列记录的是专家对每个银行财务状况的评价。最后两列给出的是银行财务分析常用的两个比率。

表 5.10　　银行财务状况

银行代号	* 财务状况 (y)	** 总贷款和租赁/总资产 (x_1)	总支出/总资产 (x_2)
1	1	0.64	0.13
2	1	1.04	0.10
3	1	0.66	0.11
4	1	0.80	0.09
5	1	0.69	0.11
6	1	0.74	0.14
7	1	0.63	0.12
8	1	0.75	0.12
9	1	0.56	0.16
10	1	0.65	0.12

表 5.10(续)

银行代号	*财务状况 (y)	**总贷款和租赁/总资产 (x_1)	总支出/总资产 (x_2)
11	0	0.55	0.10
12	0	0.46	0.08
13	0	0.72	0.08
14	0	0.43	0.08
15	0	0.52	0.07
16	0	0.54	0.08
17	0	0.30	0.09
18	0	0.67	0.07
19	0	0.51	0.09
20	0	0.79	0.13

* 财务状况 =1　表示财务状况不良的银行；

=0　表示财务状况良好的银行。

** 总贷款和租赁(Total Loans & Leases)。

5.5.1　只有一个解释变量的模型

首先考虑只有一个解释变量的简单 Logistic 回归模型。它和简单线性回归模型有点类似，在简单线性回归模型里我们用一条直线来拟合被解释变量 y 和单个的解释变量 x 之间的关系。

我们用总贷款和租赁与总资产的比率作为解释变量来构建可以对银行进行分类的一个简单的 Logistic 回归模型。该模型有如下两个变量：

被解释变量：Y =1，表示财务状况不良；Y =0，表示财务状况良好。

解释变量：x_1 = 总贷款和租赁/总资产。

被解释变量与解释变量之间的关系式如下

$$P(Y = 1 \mid x_1) = \frac{\exp(\beta_0 + \beta_1 x_1)}{1 + \exp(\beta_0 + \beta_1 x_1)}$$

或者等价的表达式如下

$$Odds(Y = 1 \text{ 对 } Y = 0) = \exp(\beta_0 + \beta_1 x_1)$$

模型系数的极大似然估计为：$_0 = -6.926$，$_1 = 10.989$

因此，拟合模型是

$$P(Y = 1 \mid x_1) = \frac{\exp(-6.926 + 10.989 x_1)}{1 + \exp(-6.926 + 10.989 x_1)}$$

图 5.3 显示了 Logistic 回归模型对数据点的拟合。

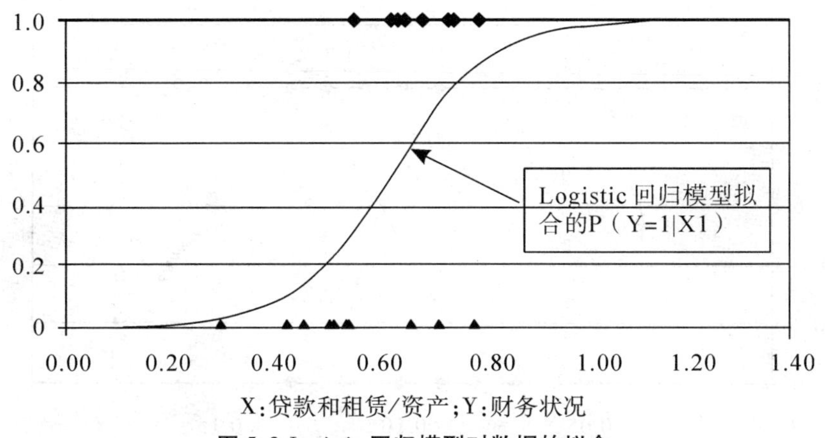

X:贷款和租赁/资产;Y:财务状况

图 5.3 Logistic 回归模型对数据的拟合

5.5.2 机会比的乘积模型

我们可以将该模型理解成机会比的乘积模型,这和我们在例 2 中的作法一样。银行的总贷款和租赁/总资产等于 0 时,出现财务危机的 Odds 等于 exp(−6.926) =0.001。这是基本条件下的 Odds。当银行的总贷款和租赁/总资产等于 0.6 时,出现财务危机的 Odds 将从基本条件下的 Odds 增加到 exp(10.989 ×0.6) =730 倍,即出现危机的 Odds 增加到 730 ×0.001 =0.730。

注意,这里对乘积因子的解释和例 1 对比有一些小小的不同。对 β_i 的 ± 号解释仍和前面一样,但是 $\exp(\beta_i)$ 的大小表示的是当 x_i 变化一个单位,Y =1 对 Y =0 的 Odds 变化的大小。

如果我们用总支出/总资产作为解释变量来建立简单逻辑模型的话,我们会有如下的变量:

被解释变量:Y =1,表示财务危机;Y =0,其他。

解释变量: x_2 = 总支出/总资产。

被解释变量和解释变量之间的关系式如下

$$P(Y = 1 \mid x_2) = \frac{\exp(\beta_0 + \beta_2 x_2)}{1 + \exp(\beta_0 + \beta_2 x_2)}$$

或者等价地

$$Odds(Y = 1 \text{ 对 } Y = 0) = \exp(\beta_0 + \beta_2 x_2)$$

模型系数的极大似然估计为: $\beta_0 = -9.587$, $\beta_2 = 94.345$。

图 5.4 显示了 Logistic 回归模型对数据点的拟合。

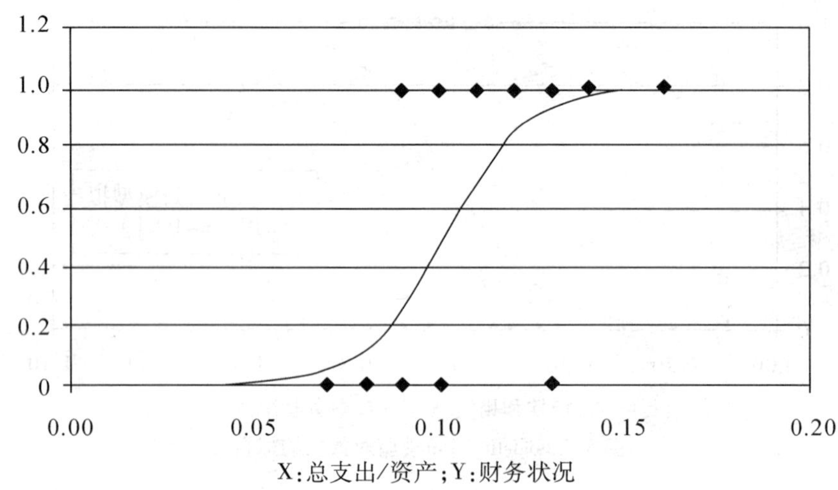

图 5.4　Logistic 回归模型对数据的拟合

5.5.3　估计值的计算

正如例 2 和例 3 中所阐述的,系数的估计一般是根据极大似然原理,它能保证估计值具有良好的渐近(大样本)特征。一般条件下的极大似然法估计量(或称为极大似然法估计器)具有:

(1)一致性。随着样本数量的增加,估计量偏离真实值的概率接近 0。

(2)渐近有效性。在所有的一致性估计量中方差最小。

(3)渐近正态分布。样本数量足够大的情况下,和多元线性回归分析类似,我们可以计算置信区间和进行统计检验。

这里计算系数估计和置信区间的算法是一个循环过程,不如线性回归的算法稳定。对于好的数据集,计算出来的估计值是比较可靠的。在此一个好的数据集指的是:被解释变量的值为 0 和 1 的观测值数量都要足够大;它们的比率既不太接近 0 也不太接近 1;逻辑模型中参数的个数相对于样本容量足够小(一般不超过 10%)。和线性回归一样,多重共线性(解释变量之间强相关)可能会导致计算上的困难。近年来人们已经开发了一些计算能力很强的算法来克服其中一些困难。

附录 A:回归系数的极大似然估计和置信区间计算

我们将系数记作 $p\times 1$ 列向量 β ,第 i 行的元素是 β_i ,被解释变量的 n 个观测值记作 $n\times 1$ 列向量 y,第 j 行的元素是 y_j ;对应的解释变量 X_i 的值是 x_{ij} ,

$i=1,\cdots,p;j=1,\cdots,n$。

(1)数据

$$y_j,x_{1j},x_{2j},\cdots,x_{pj},\quad j=1,2,\cdots,n.$$

(2)似然函数

似然函数 L 是观测数据被视为这些参数(Logistic 回归中的 β_i)的函数的概率。

$$\prod_{j=1}^{n}\frac{e^{y_i(\beta_0+\beta_1x_{1j}+\beta_2x_{2j}+\cdots+\beta_px_{pj})}}{1+e^{(\beta_0+\beta_1x_{1j}+\beta_2x_{2j}+\cdots+\beta_px_{pj})}}=\prod_{j=1}^{n}\frac{e^{\sum_i y_j\beta_ix_{xj}}}{1+e^{\sum_i\beta_ix_{ij}}}$$

$$=\frac{e^{\sum_i(\sum_j y_jx_{ij})\beta_i}}{\prod_{j=1}^{n}[1+e^{\sum_i\beta_ix_{ij}}]}$$

$$=\frac{e^{\sum_i\beta_it_i}}{\prod_{j=1}^{n}[1+e^{\sum_i\beta_ix_{ij}}]}$$

其中　$t_i=\sum_j y_jx_{ij}$

这是 Logistic 回归模型的充分统计量,类似于线性回归中的 $\hat{y}$ 和 S。

(3)极大似然估计

似然函数的自然对数如下

$$l=\sum_i\beta_it_i-\sum_j\ln[1+e^{\sum_i\beta_ix_{ij}}]$$

我们通过最大化这个对数似然函数得到 β_i 的极大似然估计 $\hat{\beta}_i$。对数函数的最大化等价于原函数的最大化,因此我们经常使用对数似然函数,它在数学运算时通常会比较简便,比如求导运算。

因为似然函数是凸函数,我们可以找到函数的最大值(如果存在)。对对数似然函数求偏导并令它们等于0,解这些非线性方程得到 $\hat{\beta}_i$。

$$\frac{\partial l}{\partial\beta_i}=t_i-\sum_j\frac{x_{ij}e^{\sum_i\beta_ix_{ij}}}{[1+e^{\sum_i\beta_ix_{ij}}]}$$

$$=t_i-\sum_i x_{ij}\hat{\pi}_j=0\ ;\ i=1,2,\cdots,p$$

或　$\sum_i x_{ij}\hat{\pi}_j=t_i$

其中　$\hat{\pi}_j=\frac{e^{\sum_i\beta_ix_{ij}}}{1+e^{\sum_i\beta_ix_{ij}}}=E(Y_j)$

理解这些等式直观的方式是,注意到对于 $i=1,2,\cdots,p$

$$\sum_j x_{ij}E(Y_j)=\sum_j x_{ij}y_j$$

总之,极大似然估计就是让充分统计量的期望等于它们的观测值。

注意:如果模型包含常数项,对于所有的 j, $x_{ij}=1$, 那么 $\sum_j E(Y_j)=\sum_j y_j$,

即采用β_i的ML估计值算出的成功(响应等于1)次数的期望等于观测到的成功次数。$\hat{\beta}_i$估计量是一致的,渐近有效,并且服从多元正态分布(对限制条件不是严格要求的情况下)。

(4)算法

计算$\hat{\beta}_i$的流行算法是采用增量法(牛顿—纳逊方法,Newton - Raphson)最大化多变量二次可微函数。

增量法是采用逐步逼近的方法来找$\hat{\beta}_i$

$$\beta^{t+1} = \beta^t + [I(\beta^t)]^{-1} \nabla l(\beta^t)$$

其中 $$I_{ij} = \frac{\partial^2 l}{\partial \beta_i \partial_j \beta_j}$$

(1)当该过程收敛到一点时,$I(\beta^t)^{-1}$主对角线上的元素是$\hat{\beta}_i$的标准误差的平方(渐近方差)。

(2)置信区间的计算和假设检验的判断基于$\hat{\beta}_i$服从渐近正态分布这一假设。

对数似然函数总是负的,当它无穷接近0时不存在最大值。那样的话,似然函数无穷接近1,上面给出的对数似然函数的第一项是无限大的。此时,通过选择一些绝对值非常大的合适的β_i,观测值$y_j = 0$的预测概率将非常接近0,$y_j = 1$的预测概率将非常接近1。当我们有一个完美的模型(至少对训练数据集而言)时就是这种情况。这种现象更可能发生在当参数的个数与观测数据的个数的比例比较大(一般大于20%)时。

附录B:使用西南财大数据挖掘系统对波士顿住宅区的数据处理

我们要用一个Logistic回归模型来拟合波士顿住房数据。在第三章我们在解释提升图时初步介绍了这个例子。在此我们将把数据挖掘建模的这个全过程一步一步地列出来。

(1)在打开数据文件之后,点击工具条上的“有约束学习”,这样数据挖掘建模界面弹出。在数据划分框中选择“随机划分”选项,然后点击“划分”按钮。在弹出的简单随机采样界面的训练数据、验证数据和测试数据对应的各文本框里分别是各数据集合的缺省百分比。我们保留这些缺省设置,即50%的数据记录被划分到训练数据、30%的数据记录被划分到验证数据、20%的数据记录被划分到测试数据。点击“划分”按钮,当系统对话框询问是否进行变量选择时,回答“不”退回到数据挖掘建模界面。如图5.5。

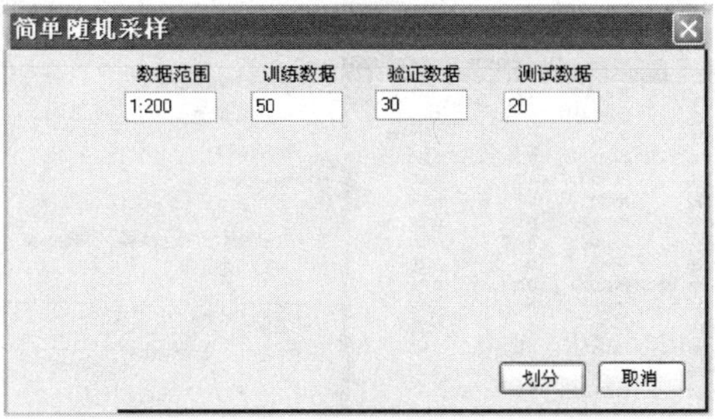

图 5.5　数据划分

(2)在数据挖掘建模界面的算法选择框选择 logistic 回归选项,点击“挖掘”按钮。Logistic 回归模型角色设置界面出现。把中位数类别(中位数类别等于 1,如果中位数大于或等于 \$30 000;中位数类别等于 0,如果中位数小于 \$30 000)作为结果变量;把除中位数之外的其余所有变量都作为预测变量。为简单起见,我们把它们全作为连续型输入变量。然后点击“输出类别列表”按钮,输出变量的两个类别被列出。通常的类别编码是 1 和 0,而且按习惯 1 代表感兴趣的类别,例如在欺诈探测中的欺诈事件、捐款活动中的捐款事件等;0 代表不感兴趣的那个类别,也叫做基本类别。把不感兴趣的类别放到基本类文本框。这些设置完成后得到图 5.6。

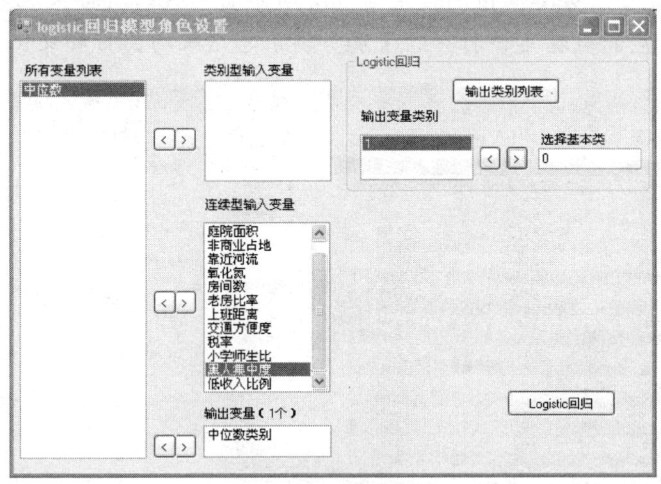

图 5.6　回归模型角色设置

(3)点击 Logistic 回归模型角色设置界面右下角的“Logistic 回归”按钮,过几秒后系统给出 Logistic 回归分析结果界面和分类汇总界面,如图 5.7。

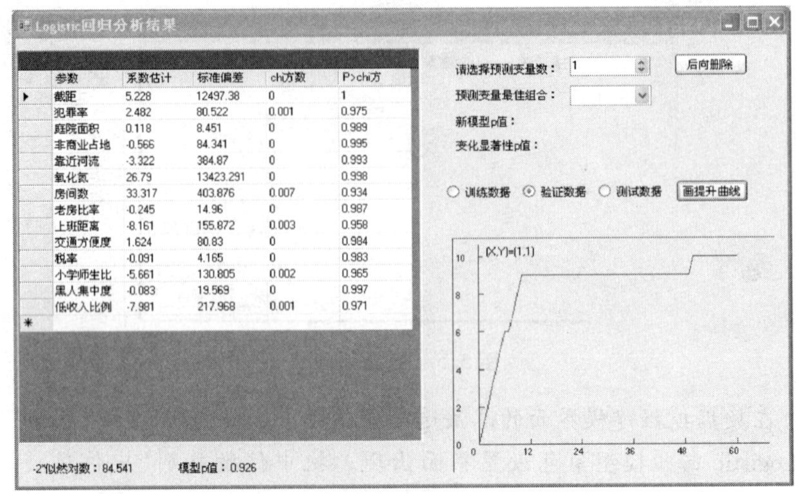

图 5.7　Logistic 回归分析结果

Logistic 回归分析结果界面有 3 个部分组成。左边是回归模型的系数估计，右上方是最佳自变量子集选择模块，右下方区域可用来为拟合的 Logistic 回归模型在训练数据、验证数据和测试数据上的打分结果画提升曲线。

分类汇总界面(如图 5.8)给出了分类模型对训练数据、验证数据和测试数据的打分，并针对不同的分类阈值对记录进行分类，分类结果汇总到右边的几个分类汇总表里。分类阈值的设定通过滑动界面中央的游标实现的，当分类阈值改变后，对应的数据集合打分结果和分类汇总结果均会自动变化。

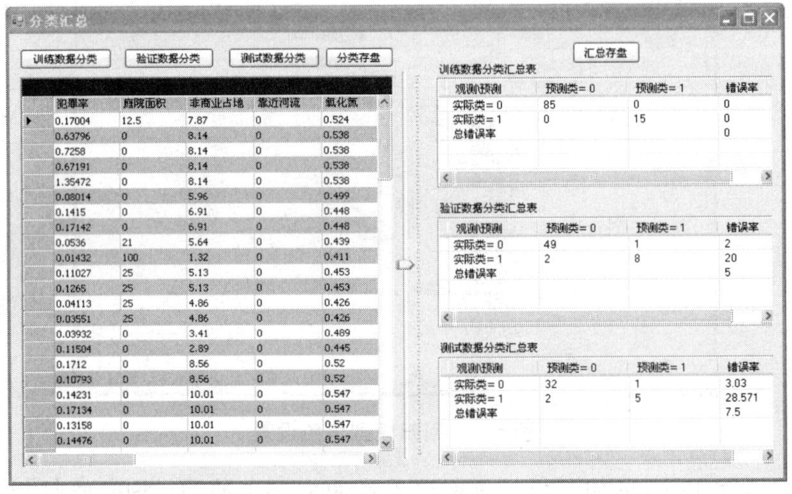

图 5.8　分类汇总

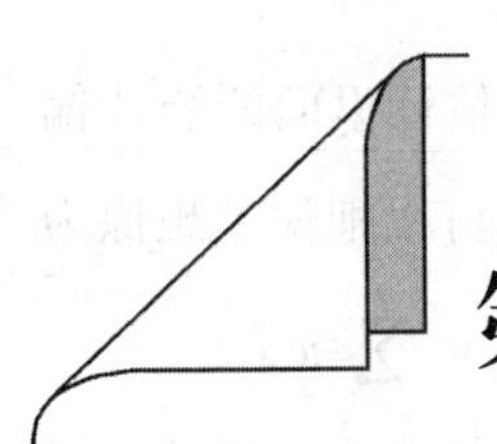

第六章 神经网络

6.1 神经元(一个数学模型)

在经历了20世纪60年代早期和20世纪80年代中期的主要发展阶段之后,一些人工神经网络目前已经成了数据挖掘的重要方法。人工神经网络的灵感来源于科学家对大脑行为研究的生理发现。人类的大脑估计有一百亿个神经元,每一个神经元平均和其他10 000个神经元相连接。神经元通过神经突触接收信号,神经突触控制着信号的反应。这些神经突触的连接被认为在大脑活动中起着关键作用。人工神经网络的基本构造块是一个数学模型神经元,如图6.1所示。

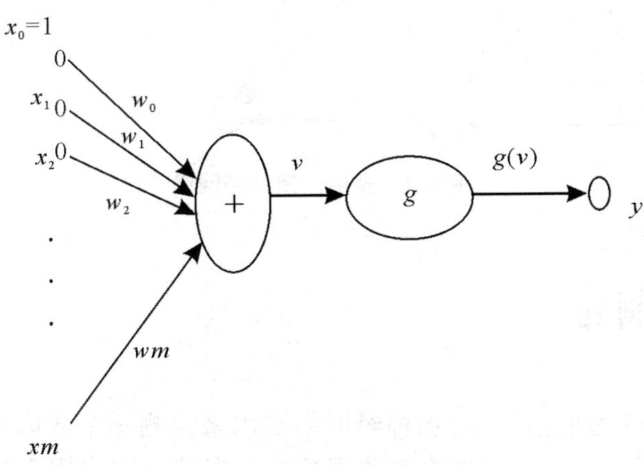

图6.1 人工神经元结构图

人工神经元有三个基本组成部分:

(1)为输入值 x_j 提供权重 w_j 的突触或者连接,$j=1,2,\cdots,m$。

(2)一个把加权的输入加到一起作为激活函数输入的加法器。在此

$v = w_0 + \sum_{j=1}^{m} w_j x_j$，其中 w_0 被称为偏差（注意不要和预测和估计里面的统计偏差混淆了），是一个和该神经元有关的数值。为便于理解，你可以把偏差想像为一个 x_0 输入的权重，在此 x_0 恒等于 1。因此 v 可以简写为 $v = \sum_{j=0}^{m} w_j x_j$。

3. 一个激活函数 g（也经常被称为挤压函数）。该函数把 v 映射到该神经元的输出值 g(v)。它是一个单调函数。

虽然研究人员已经研究了许多种人工神经网络结构，在数据挖掘中最成功应用的神经网络是多层前馈网络。在这些多层前馈网络里有一个包含多个节点的输入层，这些节点只是接受输入值并连通后续的节点层。后续节点层的节点和图 6.1 中描述的神经元类似。一层的神经元输出是下一层神经元的输入。最后一层称为输出层。输入层和输出层之间的层叫做隐藏层。图 6.2 显示了这种结构。

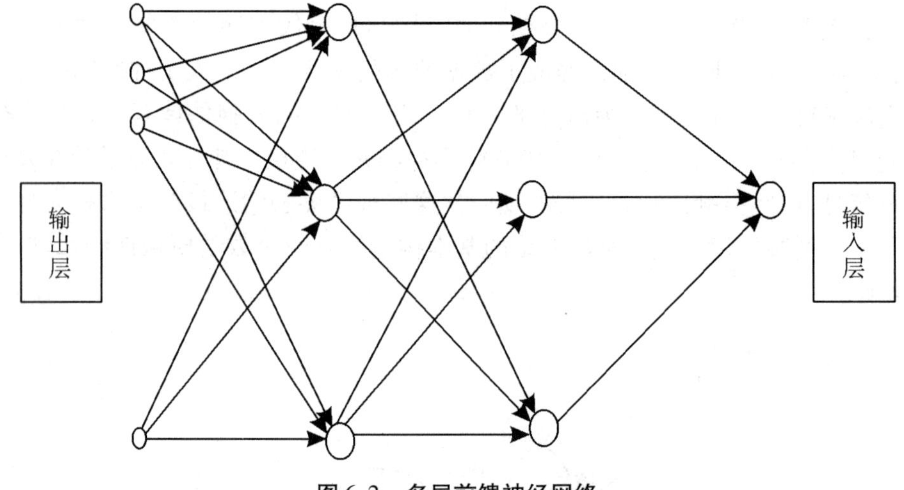

图 6.2　多层前馈神经网络

6.2　神经网络

在有约束学习的情况下，当神经网络被用来预测一个数值量时，在输出层里有一个神经元，其输出就是这个预测数值。当神经网络用于分类时，通常输出层里的节点数量等于类的数量，对于某个记录的一组输入，输出层里具有最大输出值的节点给出了该记录的类估计。在只有两类的特殊情况下，通常在输出层只有一个节点，在这个节点里把输出值和阈值进行比较可得到记录的分类。

6.2.1 单层神经网络

我们首先从学习单层神经网络(只有输出层,没有隐藏层)开始。最简单的神经网络只有一个神经元,选择的函数 g 是单元函数(或称为 1 函数),即对于所有的 v, $g(v) = v$。在这种情况下,网络的输出是 $\sum_{j=1}^{m} w_j x_j$,它是输入向量 $x = (x_1, x_2, \cdots, x_m)$ 的线性函数。大家对这个熟悉吧?

如果我们用多元线性回归为因变量 y 建立模型,我们可以把神经网络理解为一个对于给出的 x 值,可预测 $\hat{y}$ 值的结构。在此,权重就是系数。如果我们使用训练集合的观测值,选择权重使得均方误差(mse)最小,这些权重就是系数的最小二乘估计。然而,神经网络采用的方法不同,这些权重是花费时间“学习”来的,而不是通过计算一步得出的。把训练数据的记录一个接一个地送到神经网络,每一个记录进去之后,权重数值就改变一次以便使得均方误差最小。

权重的逐步调整是根据训练数据的误差决定的,这一过程被称为“训练”神经网络。几乎所有人都使用的动态更新算法是 Widrow - Hoff 法,或者叫做最小均方法(LMS)。在此我们将作一简单介绍。令 $x(i)$ 表示第 i 个用于训练神经网络的输入向量,权重(在该记录被送上网络之前)为向量 $w(i)$。更新公式为:$w(i+1) = w(i) + \eta(y(i) - \hat{y}(i))x(i)$,在此 $w(0) = 0$。可以证明,通过把测试数据的记录一次一个重复地送到网络上去训练网络,那么对于(绝对值)适当小的 η,该网络会学习(收敛)到最佳 w 值上。注意,训练数据可能会被多次送到网络上以保证 $w(i)$ 靠近最佳值。动态更新 $w(i)$ 的好处是网络可以十分有效地跟踪隐含线性模型的细微倾向。

对于存在 C 类的分类问题,若我们考虑使用单层神经网络模型,那么需要在输出层使用 C 个节点。如果我们用神经网络的术语来说明经典的辨识分析,假定不同类别上的输入向量均服从多元正态分布,并且有一个共同的协方差矩阵,Fisher 分类函数的系数就是神经网络的最佳权重。

逻辑斯蒂回归系数的极大似然估计也可以被看作神经网络最小化一个误差函数的权重。这里逻辑斯蒂函数 $g(v) = \left(\frac{e^v}{1+e^v}\right)$ 是输出节点的激活函数。

6.2.2 多层神经网络

毫无疑问多层神经网络是应用中最流行的网络。虽然可以考虑多个激活函数,但效果最好的激活函数是逻辑斯蒂函数。实际上,对于神经网络的兴趣的复活是因为在训练神经网络时用这个函数代替传统的阶梯函数取得了成功而引起的。注意,在多层网络上使用线性激活函数和在单层网络上使用线性激活函数毫无区别。逻辑函数的实用价值在于,它对很小和很大的 v 值有一个挤压效应,但当 $g(v)$ 在 0.1 到 0.9 这个范围之内时几乎是线性的。

理论上,一个神经网络具有两层,即一个隐藏层和一个输出层就足够了。对于大多数的应用问题的确如此。然而,在一些情况下,3 个、4 个或者 5 个节点层会更为有效。对于预测应用来说,输出节点经常有一个输出预测值的线性激活函数,这些预测值并不限于 0 和 1 之间。另一个办法就是把输出值按比例地变化到逻辑斯蒂函数(0.1,0.9)的线性区域。

遗憾的是,到目前还没有明确的理论指导我们选择每一个隐藏层的节点数以及总的层数。尽管有一些结合进化算法(或者称为遗传算法, GA)和神经网络训练来解参数的方案,但是普通的做法还是摸索着来。

因为摸索是神经网络应用的一个必要部分,所以理解训练多层网络的标准方法——反向传播(Backpropagation)——非常重要。可以毫不夸张地说,反向传播算法的速度使得神经网络成为实用工具就像单点算法(或称为单纯形法, Simplex Algorithm)的速度使得线性最优化成为实用工具是一个道理。业界在 20 世纪 80 年代中期对于神经网络的强烈兴趣的复活很大程度上是因为反向传播算法的效率。

6.3 费歇尔(Fisher)的鸢尾花数据

我们来观察费歇尔用于作判别分析的鸢尾花数据。这些数据由三个品种鸢尾花的四个指标构成,每个品种有 50 个观测值。表 6.1 显示了其中的部分数据。

表 6.1 鸢尾花数据

观测记录	花类编号	花瓣宽	花瓣长	花萼宽	花萼长
1	1	0.2	1.4	3.3	5
2	1	0.2	1	3.6	4.6
3	1	0.2	1.6	3.1	4.8
4	1	0.1	1.4	3.6	4.9
5	1	0.2	1.3	3.2	4.4
6	1	0.2	1.6	3.8	5.1
7	1	0.2	1.6	3	5
8	1	0.4	1.9	3.8	5.1
9	1	0.2	1.4	3	4.9
10	1	0.2	1.4	3.6	5
11	1	0.4	1.5	3.4	5.4
12	1	0.2	1.4	4.2	5.5
13	1	0.2	1.4	2.9	4.4
14	1	0.1	1.4	3	4.8
15	1	0.3	1.7	3.8	5.7
16	1	0.4	1.5	3.7	5.1
17	1	0.2	1.3	3.5	5.5
18	1	0.2	1.3	3	4.4
19	1	0.2	1.6	3.2	4.7

如果我们使用神经网络模型处理这个分类问题，输入层需要 4 个节点（不考虑偏差节点），对应于 4 个解释变量，输出层需要 3 个神经元对应 3 个分类。假定有一个隐藏层具有 25 个神经元，这里输入层的每个节点与隐藏层的每一节点共有 25 个联结，那么在输入层和隐藏层之间总共有 4 × 25 = 100 个联结。另外隐藏层的每个节点与输出层的每个节点间有 3 个联结，那么在隐藏层和输出层之间共有 25 × 3 = 75 个联结。利用标准的 S 形（逻辑斯蒂）激活函数，用 60 000 次迭代的一个过程训练神经网络。

在每一次迭代，一个记录的 4 个自变量的数值要送到输入层里，然后用适当的权重按次序计算隐藏层和输出层的神经元输出。输出层神经元的输出值用来计算误差，这一误差用于调整后向传播算法里的所有连接的权重以完成一个循环。因为训练数据有 150 个记录，每一个记录要经过网络 500 遍。换句话说，网络被训练了 500 遍。在该数据上最后一遍训练得到的结果如图 6.3 所示。

	预测类=1	预测类=2	预测类=3	分类正确率
实际类=1	50	0	0	100
实际类=2	0	49	1	98
实际类=3	0	2	48	96
总计				98

图 6.3　利用西南财大数据挖掘系统神经网络模型对鸢尾花数据分类的汇总表

在此我们得到了 98% 的正确分类率，这是用 fisher 判别分析所得到的经典结果。实际上，如果我们调整一些参数，我们会得到更高的正确分类率。但太高的正确分类率有可能是神经网络拟合了噪声的结果。假如我们在只用数据训练很少的遍数，错判率就会非常高，训练遍数等于 100 时分类的一个好结果如图 6.4 所示。

	预测类=1	预测类=2	预测类=3	分类正确率
实际类=1	50	0	0	100
实际类=2	0	41	9	82
实际类=3	0	2	48	96
总计				93

图 6.4　对鸢尾花数据只训练 10 遍的分类汇总矩阵

好的分类误差率是通过摸索，精心选择关键控制参数的结果。如果我们的控制参数选择得不好,我们的结果可能会很差。为了理解涉及到的参数,我们需要学习后向传播算法的基本工作原理。

6.4 后向传播算法——分类

后向传播算法通过穿越网络各层的两段路线而构成一个周期,即先经过一个前向路径,然后再经过一个后向路径。在算法扫描训练数据时,其参数在穿越过程中间发生变化。通常,神经网络通过“学习”做出好的判别之前对训练数据扫描了许多次。

6.4.1 前向路径——计算神经网络所有神经元的输出结果

该算法起始于第一个隐藏层,其输入值为训练数据集合的一个记录的所有自变量。通过进行有关的求和以及激活函数的求值,即得出第一个隐藏层的所有神经元的输出。这些输出是下一个隐藏层的神经元输入。重复这一过程,即通过进行有关的求和以及激活函数的求值,计算出该隐藏层所有神经元的输出。持续这一过程直到我们达到输出层并且计算出其输出。这些输出值构成了神经网络对因变量的估计。如果我们用神经网络进行分类,假设有 c 个类,激活函数就会为 c 个输出节点产生 c 个神经元输出。具有最大值的输出节点决定网络的分类。(如果 c = 2, 我们可用一个阈值把数字输出值映射到其中一个类上,因此可以只有一个输出节点)。

初始权重是怎么来的?在过程中又是如何调整它们的呢?我们把从节点 i 到节点 j 的连接的权重记作 w_{ij}。w_{ij} 的初始值(通常是随机的)是 0.00 ± 0.05 范围内的一个小数。这些权重在以下描述的后向路径中被调整为新值。

6.4.2 后向路径——误差传播和权重修正

这一阶段开始于输出层的每一个神经元的误差计算。一个常用的误差函数是节点 k 的输出 o_k 和该节点的目标值 y_k 之间差的平方。对应于该记录所属类的输出节点的目标值是 1,对其他的节点则为 0(实际应用中 0.9 和 0.1 更好一些)。对于每一个输出层节点计算一个调整项 $\delta_k = o_k(1 - o_k)(y_k - o_k)$,这些项用来调整网络的倒数第二层和输出层联结的权重。从节点 j 到节点 k 的联结的权重 w_{jk} 的新值是 $w_{jk}^{new} = w_{jk}^{old} + \eta o_j \delta_k$。在此,$\eta$ 是一个重要的调节参数,它是通过在训练数据上反复运行摸索出来的。通常 η 的数值在 0.1 到 0.9 之间。小的 η 值会让学习过程缓慢但稳定,大的 η 值会使得学习过程不稳定并且会导致不稳定的网络。然后在最后一个隐藏层和倒数第二个隐藏层节点之间的联结继续进行上述的过程。节点 i 和 j 之间联结的权重表示为 $w_{ij}^{new} = w_{ij}^{old} + \eta o_i \delta_j$，在此 $\delta_j = o_j(1 - o_j)\sum_k w_{jk}\delta_k$，对应于最后一个隐藏层的节点 j。

权重调整沿此路线后向传播一直到输入层。现在我们有一个新的权重集，如果有一个训练数据记录被传过来，我们可以进行一次新的前向穿越了。

6.5 调整网络用于预测

当我们要预测一个连续数值时，要为这类预测问题作一个小的调整。在此情况下，我们把输出层神经元的激活函数改为具有输出值 = 输入值特性的单元函数。（另一个办法是重新放缩和移动逻辑斯蒂函数以使得输出值在因变量值的范围内大致是线性的）。

6.6 多个区域最优和遍数

由于函数的复杂性以及网络“学习”过程中需“训练”的权重数目众多，我们不敢保证后向传播算法（实际上任何实用算法）会找到使误差最小的最优权重。这个过程会在区域最小值上停下来。人们发现在把训练数据传送到网络的遍与遍之间，把记录的顺序随机改变一下会有作用。如果对记录进行批处理（即，在几个记录经过一段路径之后再改变权重，而不是在每一个记录穿越之后）有可能会加速算法。然而，算法有时会终止在一个区域最小上，至少在极端条件下——即在每一次更新权重之前让所有训练数据穿越一次，这种情况会经常发生。

对训练数据的所有纪录的一次扫描称为一遍。前馈网络和后向传播的大多数应用在误差足够小之前需要数据穿越好几遍。人们已经提出了许多改良意见以减少训练一个神经网络所需的遍数。一个经常使用的方法是加上一个控制项以便后向路径的权重调节步调稳重一些。这是通过在一个联结的权重调节表达式上加一个项，这一项是前一次联结权重修正的分数。这个分数被称作惯量控制参数。该参数越高，会使得后序的权重调节发生在相似的方向上。另一个方法是改变调节参数 δ，办法是当遍数增加时减小 δ。从直觉上，这是有用的，因为它避免了过分拟合，而过分拟合在训练后期的遍历时会更容易发生。

6.7 过分拟合和训练遍数的选择

神经网络的一个缺点是容易产生过分拟合,从而引起在验证数据(而且,最重要的是在新数据上)上的误差率太大。因此限制训练的遍数而不让对数据过分拟合至关重要。许多算法确定训练遍数使用的一个方法是:在网络训练的过程中定期用验证数据计算误差率,在使用后向传播算法的前几遍验证数据的误差率会降低,但过一会就会升高。验证数据的最小误差率那一点表明最好的训练遍数,在这个时候的权重可能在新数据上产生最小的误差率。

6.8 结构的适应性选择

采用后向算法的耗时又复杂的一个特点是在适应后向算法之前决定一个网络结构。一般是根据以往的经验作合理的猜测,然后在不同的结构上进行摸索。现在已有算法能够在数据训练时有选择地增加或者减少节点的数量,这与CART类似。在此方面许多人正在做研究。到目前为止,还没有一个自动的方法明显地比摸索的方法更好。

6.9 成功应用的例子

神经网络在工程上已经有许多成功应用的例子。其中一个有名的例子是ALVINN,它可以自动驾驶汽车在高速公路上按正常速度行驶。其神经网络采用固定在汽车上的照相机的 30 × 32 像素网格上的强度作为输入,输出是驾驶的方向。输出有 30 个单元,代表着“左转 90 度”,“往前直走”,“往右”等类别。它有 960 个输入单元,有一层含 4 个神经元的隐藏层。后向算法用于训练ALVINN 。在财务方面也有许多成功应用的报道(请看 Trippi 和 Turban, 1996),例如破产预测、货币市场贸易、挑选股票和期货。关于信用卡和 CRM (客户关系管理)的应用也有报道。

附录:使用西南财大数据挖掘系统的神经网络分类演示

在此我们使用鸢尾花数据。训练数据、验证数据和测试数据的比例按系统的缺省设置,即50%、30%和20%。在读入数据后点击有约束学习进入数据挖掘建模界面。采样和前两章介绍的数据划分步骤并放弃变量选择步骤,在数据挖掘建模界面的算法选择框中选择神经网络选项,点击"挖掘"按钮。弹出的设置模型角色显示如图6.5。

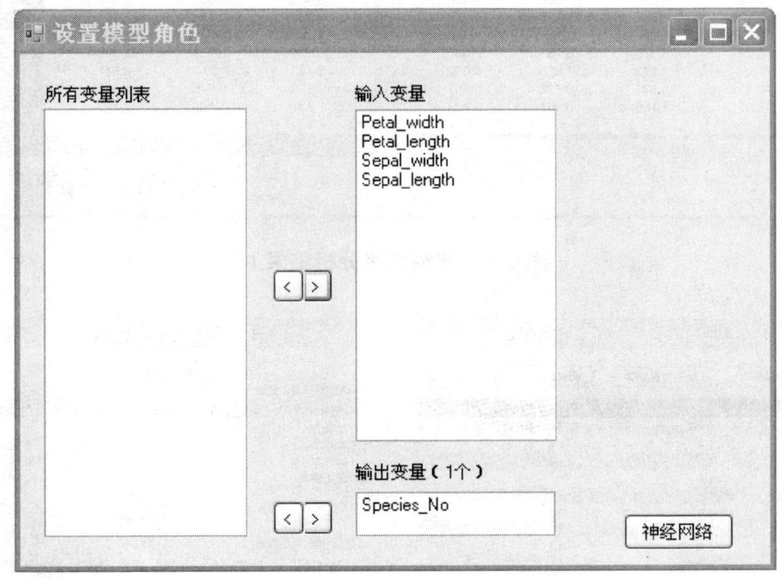

图6.5 设置模型角色

在设置完模型角色之后点击右下角的"神经网络"按钮。神经网络建模界面被弹出。在神经网络界面的上部是神经网络参数输入区。这个神经网络是只有一个隐藏层的3层结构。因此在隐藏层节点数文本框里输入的是这个唯一的隐藏层的节点数。训练系数和调节系数通常设置在(0.01,0.8)这个范围内。如果只有几百个以下的数据和不多的预测变量,通常这两个常数设置在(0.1,0.8)之间;否则可以尝试(0.01,0.1)之间。遍历次数一般设置为几百以上。当所有的参数都准备好之后,点击"训练网络"按钮。

神经网络分析的结果分成2个部分。一部分结果显示在神经网络界面,包括从输入层到隐藏层的权重矩阵以及隐藏层到输出层的权重矩阵。另一部分结果显示在分类汇总界面(所有的分类建模方法共有的结果界面),包括神经网络模型在训练数据、验证数据和测试数据上的分类结果。图6.6和图6.7是这两个分析结果界面。

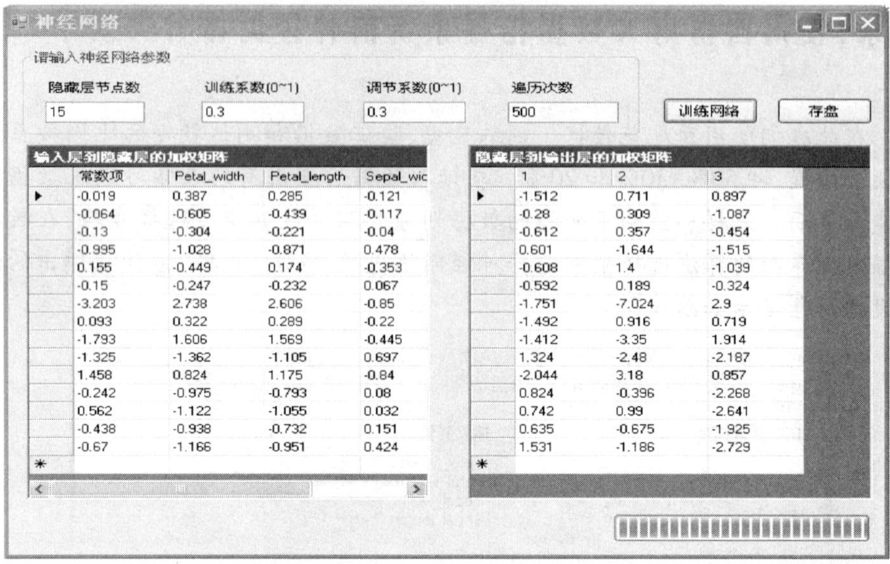

常数项	Petal_width	Petal_length	Sepal_wic
-0.019	0.387	0.285	-0.121
-0.064	-0.605	-0.439	-0.117
-0.13	-0.304	-0.221	-0.04
-0.995	-1.028	-0.871	0.478
0.155	-0.449	0.174	-0.353
-0.15	-0.247	-0.232	0.067
-3.203	2.738	2.606	-0.85
0.093	0.322	0.289	-0.22
-1.793	1.606	1.569	-0.445
-1.325	-1.362	-1.105	0.697
1.458	0.824	1.175	-0.84
-0.242	-0.975	-0.793	0.08
0.562	-1.122	-1.055	0.032
-0.438	-0.938	-0.732	0.151
-0.67	-1.166	-0.951	0.424

1	2	3
-1.512	0.711	0.897
-0.28	0.309	-1.087
-0.612	0.357	-0.454
0.601	-1.644	-1.515
-0.608	1.4	-1.039
-0.592	0.189	-0.324
-1.751	-7.024	2.9
-1.492	0.916	0.719
-1.412	-3.35	1.914
1.324	-2.48	-2.187
-2.044	3.18	0.857
0.824	-0.396	-2.268
0.742	0.99	-2.641
0.635	-0.675	-1.925
1.531	-1.186	-2.729

图 6.6　神经网络分析结果 1

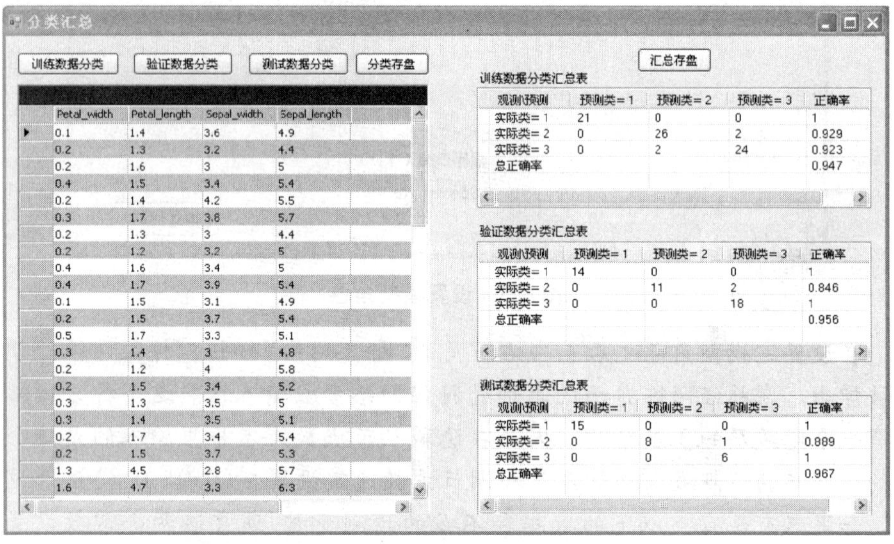

Petal_width	Petal_length	Sepal_width	Sepal_length
0.1	1.4	3.6	4.9
0.2	1.3	3.2	4.4
0.2	1.6	3	5
0.4	1.5	3.4	5.4
0.2	1.4	4.2	5.5
0.3	1.7	3.8	5.7
0.2	1.3	3	4.4
0.2	1.2	3.2	5
0.4	1.6	3.4	5
0.4	1.7	3.9	5.4
0.1	1.5	3.1	4.9
0.2	1.5	3.7	5.4
0.5	1.7	3.3	5.1
0.3	1.4	3	4.8
0.2	1.2	4	5.8
0.2	1.5	3.4	5.2
0.3	1.3	3.5	5
0.3	1.4	3.5	5.1
0.2	1.7	3.4	5.4
0.2	1.5	3.7	5.3
1.3	4.5	2.8	5.7
1.6	4.7	3.3	6.3

训练数据分类汇总表

观测\预测	预测类=1	预测类=2	预测类=3	正确率
实际类=1	21	0	0	1
实际类=2	0	26	2	0.929
实际类=3	0	2	24	0.923
总正确率				0.947

验证数据分类汇总表

观测\预测	预测类=1	预测类=2	预测类=3	正确率
实际类=1	14	0	0	1
实际类=2	0	11	2	0.846
实际类=3	0	0	18	1
总正确率				0.956

测试数据分类汇总表

观测\预测	预测类=1	预测类=2	预测类=3	正确率
实际类=1	15	0	0	1
实际类=2	0	8	1	0.889
实际类=3	0	0	6	1
总正确率				0.967

图 6.7　神经网络分析结果 2

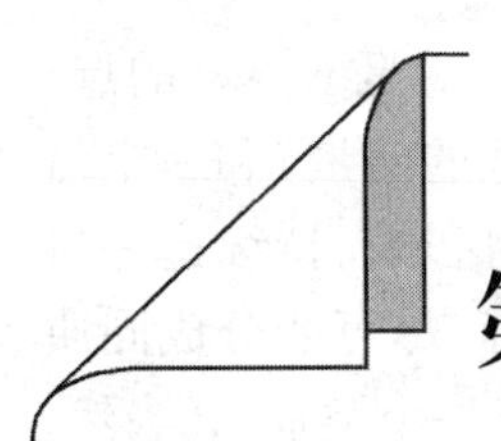

第七章 分类与回归树

如果要选择一种分类技术能够在广泛的应用中都能表现得好,而不要求分析人员费很多心思,并能够让使用者容易理解,那么有力的竞争者应该是 Brieman,Friedman,Olshen 和 Stone(1984)创立的树方法。我们将首先讨论分类的过程,然后我们将阐述如何扩展该过程来预测连续型的被解释变量。Brieman 等开发了树形法的程序,称为分类和回归树(CART,Classification and Regression Tree)。

7.1 分类树

分类树包含两个关键的思想:第一是解释变量空间递归分区的思想;第二是用验证数据进行剪枝的思想。接下来的几个小节我们先介绍递归分区,然后再解释剪枝方法。

7.2 递归分区

分析思路是把整个 x 空间划分为多个矩形区域,而每一个矩形区域的点属于同一类或者尽可能地"纯"。"纯"意味着矩形里的点只属于一个类。(当然这不总是可能的)。以下是一个递归分类的例子。

被解释变量(结果变量)记作 y,解释变量(预测变量)记作 $x_1, x_2, \cdots, x_p$。在分类中,结果变量是类别型变量。递归分区将 $x = (x_1, x_2, \cdots, x_p)$ 所在的 p 维空间分成没有重叠的多维的矩形。在此每一个 x_i 变量可以是连续的、二值的或者是名义的变量。这一空间划分是逐步实现的(即下一步的划分在前一步的划分结果上进行)。首先选择一个变量,例如 x_i,和其中的某个值 s_i 把 p 维空间分成两部分:一部分包括所有满足 $x_i \leqslant s_i$ 的点,另一部分包括所有满足 $x_i > s_i$ 的点。然后按同样的方法再选择一个变量(也可以是 x_i 或者是其他的变量)和一个值把其中一部分分成两块。这样就有了多维空间的 3 个矩形区域。持续这一过程我们就得到越来越小的矩形区域。这里的思想是将 x 空间尽可能分成同质的或“纯”的区域。“纯”的意思是每个区域中的数据点同属于一个类别。(当然,这不是总能实现的,因为有可能存在这样的情况:有一些点它们在每一个自变量上的数值都一样,但它们却属于不同的类。)让我们用一个例子来说明递归分区。

7.3 骑乘式割草机(Riding Mowers)

一个骑乘式割草机的制造商想找一个方法把城市的家庭划分为可能会购买骑乘式割草机和不可能购买的两类。已知一个样本包括该城的 12 个拥有该种割草机的家庭和 12 个不拥有该种割草机的家庭,数据如表 7.1 所示,并绘在图 7.1 中。在此自变量有:收入(x_1) 和草坪面积(x_2)。类别型变量 y 有两个类别:拥有者和非拥有者。

表 7.1　　割草机样本数据

观测序号	年收入(千美元)	庭院大小(千平方英尺)	拥有者 =1,非拥有者 =0
1	60.0	18.4	1
2	85.5	16.8	1
3	64.8	21.6	1
4	61.5	20.8	1
5	87.0	23.6	1
6	110.1	19.2	1
7	108.0	17.6	1
8	82.8	22.4	1
9	69.0	20.0	1
10	93.0	20.8	1
11	51.0	22.0	1
12	81.0	20.0	1
13	75.0	19.6	0
14	52.8	20.8	0
15	64.8	17.2	0
16	43.2	20.4	0
17	84.0	17.6	0
18	49.2	17.6	0

表 7.1(续)

观测序号	年收入（千美元）	庭院大小（千平方英尺）	拥有者 =1，非拥有者 =0
19	59.4	16.0	0
20	66.0	18.4	0
21	47.4	16.4	0
22	33.0	18.8	0
23	51.0	14.0	0
24	63.0	14.8	0

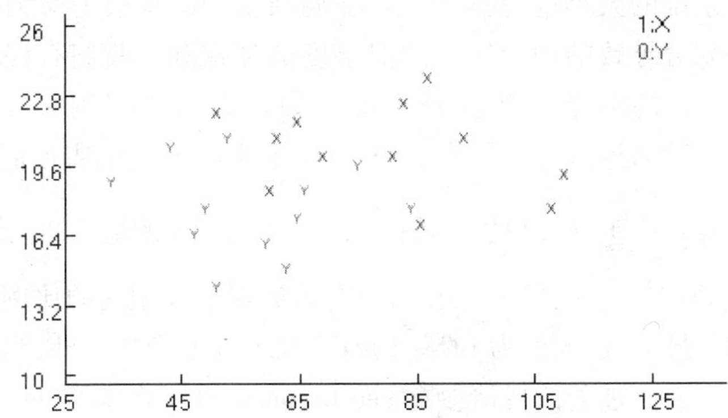

横轴:年收入;纵轴:地块大小;Y:非拥有者;X:拥有者

图 7.1 割草机样本数据散点图

如果我们采用分类树方法将数据点分开,它将选择 x_1 作为第一次划分变量,划分值为 59.7。现在 (x_1, x_2) 空间被分成了两个矩形,一个是年收入 $x_1 \leqslant 59.7$,另一个是 $x_1 > 59.7$,见图 7.2。

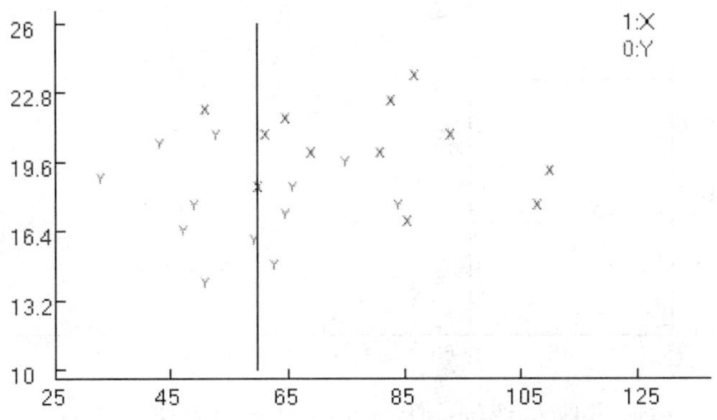

横轴:年收入;纵轴:地块大小;Y:非拥有者;X:拥有者

图 7.2 第一次划分的两个矩形

注意在划分出来的这两个矩形里,每一个矩形内点与点之间的相似程度都比在划分以前的相似程度强一些。左面的矩形里的点大多数是非拥有者(1 个拥有者和 7 个非拥有者),而右面的矩形里的点大多数是拥有者(5 个非拥有者和 11 个拥有者)。

那么这一划分是如何选择出来的呢?分类算法检验了所有的变量以及每一个变量的所有的划分值以找到最好的划分。对每一个变量可能的划分值又是哪些呢?它们就是该变量排序后相邻两个值的中间值,对 x_1 就是 {38.1,45.3,50.1,…,109.5},对 x_2 就是 {14.4,15.4,16.2,…,23}。这些分割点按它们降低类型混杂度的大小进行排队。类型混杂度的减少被定义为在划分前总的混杂度减去划分导致的两个矩形的混杂度的加权和。我们有许多方法测量混杂度,一个著名的混杂度测度是吉尼指数。如果我们用 k 来表示类别,$k=1,2,\cdots,C$,C 是变量 y 总的类别数。对于一个矩形 A,它的吉尼混杂度指数被定义为:$I(A)=1-\sum_{k=1}^{c}p_k^2$。在此 p_k 是在 A 中属于类别 k 的记录的比例。$I(A)=0$ 如果 A 的所有观测值属于同一个类。当所有的类别都以相同的比例出现在矩形 A 中,那么 $I(A)$ 最大,最大值为 $(C-1)/C$。除了吉尼指数之外,当然还有其他的混杂度测度。有兴趣的读者请参看 Leo Breiman 的分类和回归树。

然后的划分是在草坪大小变量 x_2 上进行的,划分值为 21.4。图 7.3 再一次显示了树程序聪明地把一个矩形分两半以增加下一步的矩形的纯度。左上的矩形包括满足 $x_1\leqslant 59.7$ 和 $x_2\leqslant 21.4$ 的一个点,它是拥有者;左下的矩形包括满足 $x_1>59.7$ 和 $x_2\leqslant 21.4$ 的点,所有点都是非拥有者。

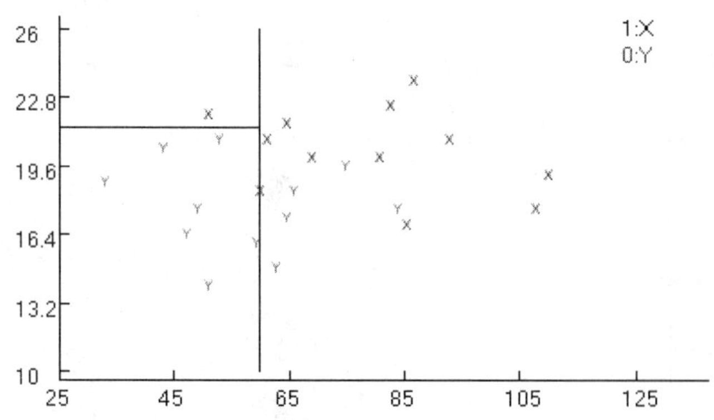

横轴:年收入;纵轴:地块大小;Y:非拥有者;X:拥有者

图 7.3　CART 两次划分得到的三个矩形

下一步的划分结果如下图7.4所示。

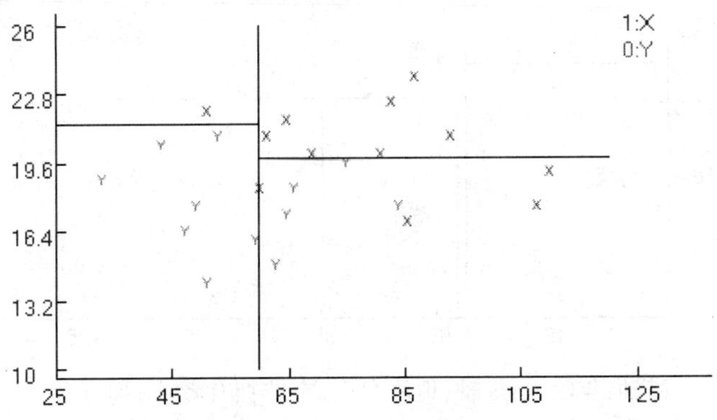

横轴:年收入;纵轴:地块大小;Y:非拥有者;X:拥有者

图7.4 CART两次划分得到的四个矩形

我们可以看一下在算法演进过程中递归分区法是如何让矩形区域的成分越来越纯。再下一步的划分结果如图7.5所示。

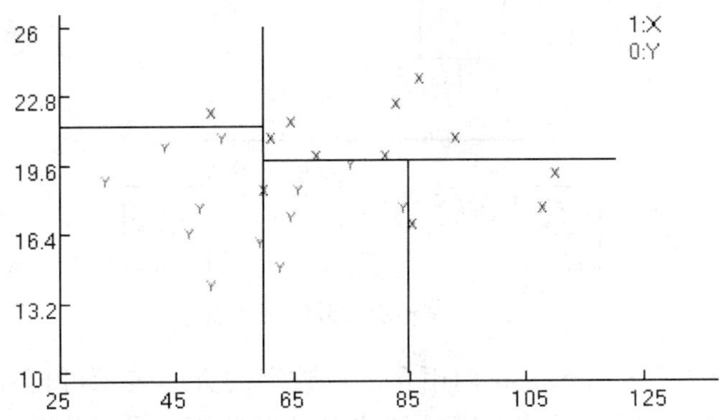

横轴:年收入;纵轴:地块大小;Y:非拥有者;X:拥有者

图7.5 CART的进一步划分

递归分区算法的最后一步如图7.6所示。

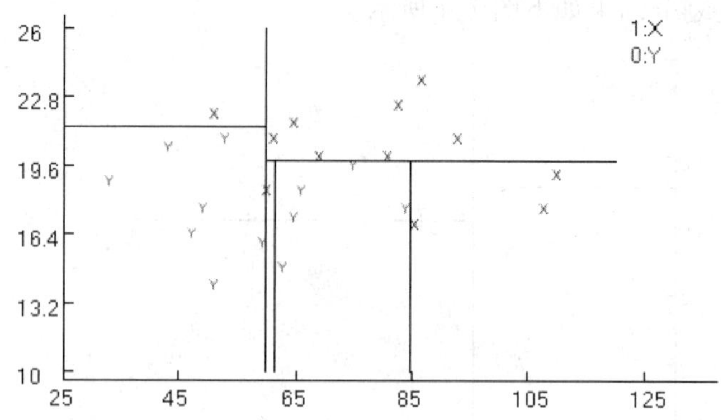

横轴:年收入;纵轴:地块大小;Y:非拥有者;X:拥有者

图 7.6　CART 的最完全划分

注意现在每个矩形区域都是纯的,都只包含了其中一个类别的数据点。

该方法称作分类树算法的原因是每一次划分可以被描述为把一个节点劈为两个子节点。第一次划分就像从一个数的根部节点发叉一样,见图 7.7。

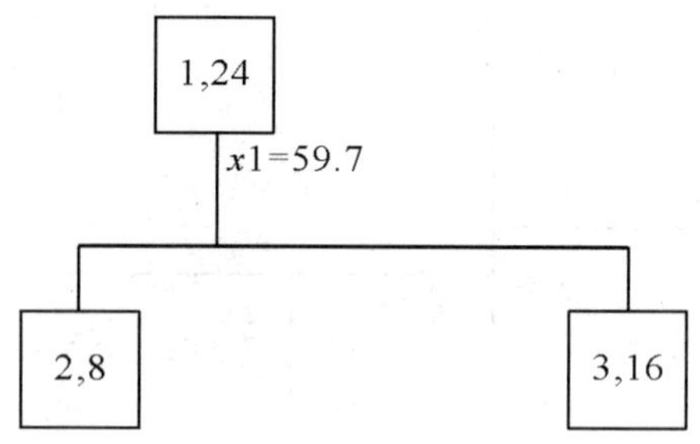

图 7.7　一次划分的树节点

整棵树如图 7.8 所示。我们用含蓝色数字的方框表示可再分的节点。方框中的两个数字分别表示节点序号和节点里记录的数量。分割所选择的变量和数值显示在节点的下面。决策节点的左分叉上的节点包括变量值小于或等于分割点变量值的观测记录个数,右分叉上的节点包括变量值大于分割点变量值的观测记录个数。这些节点称作决策节点是因为如果我们要用树把一个新记录归类,对这个新记录只知道其各个变量的值,我们会让它沿着这棵树往下走,在每一个决策节点它要走适当的分枝,直到一个没有子节点的节点。这些终端节点被称为树叶。每一个树叶节点用含红色数字的方框表示,方框中的两个数字分别表示类别和树叶节点里记录的数量。它是 $(x_1, x_2, \cdots, x_p)$ 空间的最终矩形分区之一。当一个记录放在树里一直往下达到一个树叶时,我们可以为它预测一个类,这个类由树生成时属于该叶子的所有训练数据的"投票"来决定。具有最高票数的类就是我们要为新纪录预测的类。

CART 生成的树(称为 2 分树)有一个特点,就是树叶节点的数目是决策节点的数目加 1。

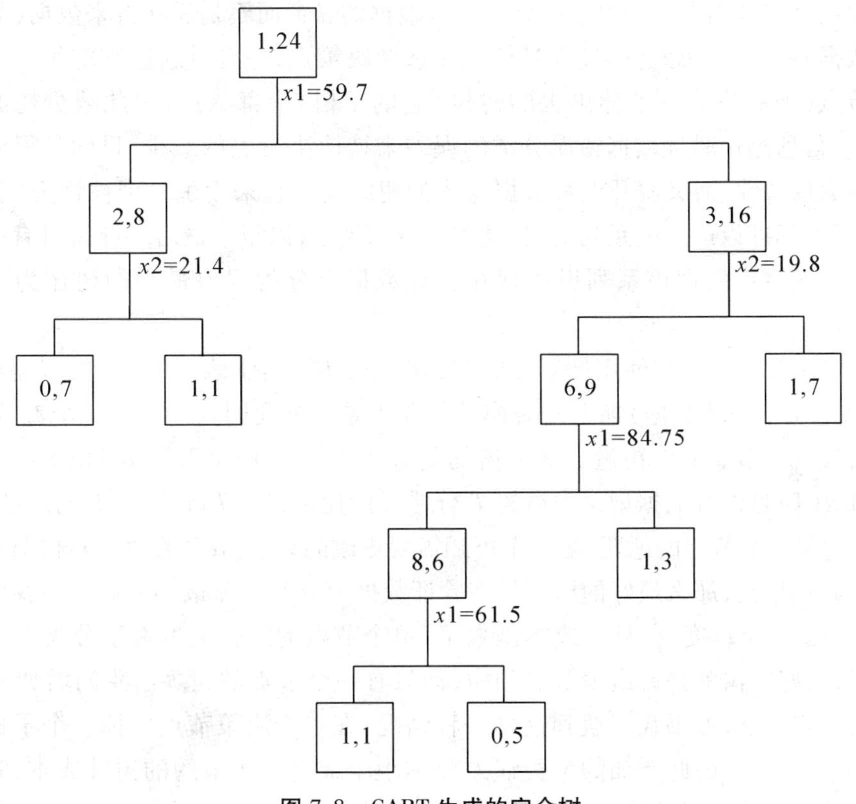

图 7.8 CART 生成的完全树

7.4 剪枝(Pruning)

分类与回归树过程的第二个关键思想是利用验证数据对根据训练数据建立起来的树进行剪枝,这是一个真正的创新。以前,建立在递归分区思想基础上的方法早已被提出,但是他们是使用规则来阻止树增长过多和防止训练数据的过分拟合。例如,CHAID(Chi - Squared Automatic Interaction Detection)是一种递归分区的方法,比 CART 方法早了几年,至今仍被广泛地应用于数据库营销。它使用一个著名的统计检验(独立性的卡方检验)来评价分割一个节点所提高的纯度是否统计显著。如果检验结果表明没有显著的改进,那么就不执行此次分区。相比之下,CART 和类似 CART 的方法利用验证数据对使用训练数据而增长过多的树进行剪枝。

剪枝的思想是认为如果树非常大很可能是对训练数据的过分拟合。在我们的例子中,分割出来的某些矩形区域中的数据点已经非常少。我们可以直观地发现这些分割点可能只是拟合了训练数据的噪音而不是反映将来数据(如验证数据)的特点。修剪的过程是按顺序选择决策点,并且重新把它定为一个树叶节点(把从该节点延伸出去的树枝(它的子树)全部砍掉,因此减少树的规模)。修剪是用验证数据错误分类的误差来换取决策点的减少,目的是得到能抓住数据特性,而又避开训练数据噪声的树结构。它采用了一个被称为“复合成本”的标准以产生一系列的树,这些树越来越小,以至于最后一棵树只有一个节点。然后我们把该系列里那棵在验证数据上分类误差最小的树作为最好的树。

分类和回归过程使用的复合成本标准等于树(用 T 表示)的分类误差(Err(T),取决于训练数据)加上树规模的惩罚因素。惩罚因素依赖于一个参数 α,它对应一个节点的惩罚量。这个树的复合成本就是 $\mathrm{Err}(T)+\alpha\,|L(T)|$。在此,Err(T)是训练数据记录中被树 T 分错类的比例;$|L(T)|$ 是树 T 的总叶数,α 是对每一个节点的惩罚:是一个可随需要更改的数字。$\alpha=0$ 表示对树节点多少不施加惩罚,那么最好的树就是在验证数据上分类误差最小的树。当我们把 α 增加到一定程度,在复合成本函数里,单个节点的惩罚成本大于分类误差成本时,最好的树就是有最少节点的树,即只有一个节点的树。当我们增加 α 的值到一定程度,如果我们遇到这样一种情况:在一个决策节点剪掉一个子树而得到一个新树,由此增加的分类误差成本小于或者等于节约的树叶成本,我们就在这个决策节点处剪掉子树,并且把这个决策节点定义为树叶节点。我们把这个新树记作 T_1。然后增加 α 的值,像前面的过程一样修剪树 T_1。这样我们就得到一系列的树,这些树上的节点越来越少,直到最后得到只有一个节点的树。从这一系列树里,通常我们会选择在验证数据集合上产生最小分类误差的树。我们称这个树为最小误差树。

我们用波士顿住房数据来说明如何修剪决策树。(注意:该问题的结果变量有分 2 类和分 3 类两种情况。作为分 3 类的情况,房屋价值中间值的划分值为 \$15 000 和 \$30 000;作为分 2 类的情况,房屋价值中间值的划分值为 \$30 000)。在此我们处理的是分 3 类的数据,我们用 250 条记录作为训练数据,150 条记录作为验证数据,100 条记录作为测试数据。以下是使用 CART 算法得到的分类结果,如图 7.9 所示。

训练数据分类汇总表

观测\预测	预测类=2	预测类=3	预测类=1	正确率
实际类=2	161	0	0	1
实际类=3	0	41	0	1
实际类=1	0	0	48	1
总正确率				1

验证数据分类汇总表

观测\预测	预测类=2	预测类=3	预测类=1	正确率
实际类=2	79	2	13	0.84
实际类=3	3	24	0	0.889
实际类=1	3	0	26	0.897
总正确率				0.86

图 7.9　在训练数据和验证数据上的分类情况

西南财大数据挖掘系统在剪枝阶段的输出结果如下。图 7.10 的分类正确率是剪枝阶段验证数据在不同的树叶数量时的分类的正确率。

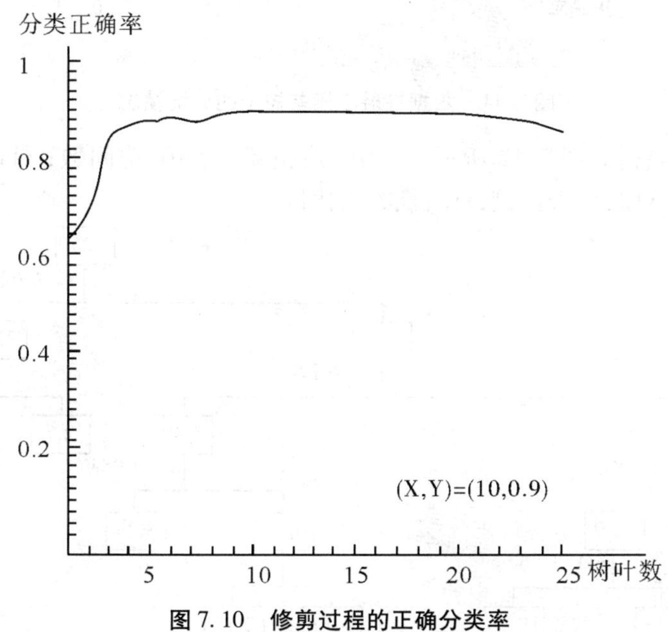

图 7.10　修剪过程的正确分类率

注意当决策节点减少时,验证数据的正确率有一个缓慢增加的趋势(其中有些不规则变动)直至正确率为 90%,此时树的节点个数是 1 = 10。这从上图 7.10 中可以看出来。此后,正确率降低,当树很小的时候,降低得更快。最小误差树应该是节点个数为 10 的树(为什么不是节点个数为 14 的树呢?)。

7.5 最小误差树(Minimum Error Tree)

在最小误差树上训练数据和验证数据的分类汇总如图 7.11 所示。

训练数据分类汇总表

观测\预测	预测类=2	预测类=3	预测类=1	正确率
实际类=2	157	2	2	0.975
实际类=3	6	35	0	0.854
实际类=1	4	0	44	0.917
总正确率				0.944

验证数据分类汇总表

观测\预测	预测类=2	预测类=3	预测类=1	正确率
实际类=2	86	1	7	0.915
实际类=3	2	25	0	0.926
实际类=1	5	0	24	0.828
总正确率				0.9

图 7.11 数据在最小误差树上的分类情况

最小误差树如图 7.12 所示。其中 $x1$:犯罪率; $x6$:房间数; $x11$:中小学学生教师比率;$x12$:黑人比例;$x13$:低收入比例。

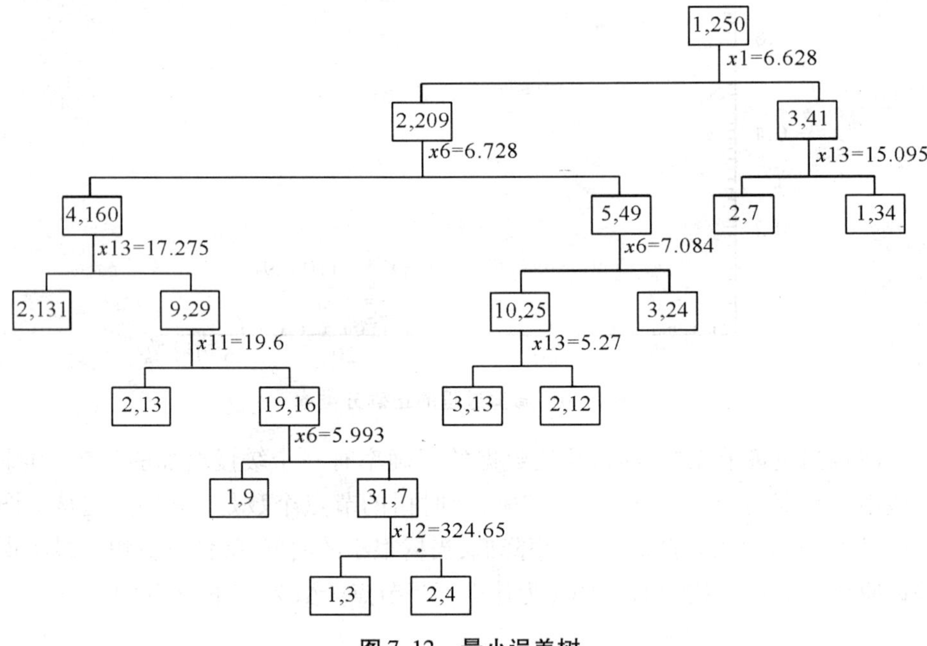

图 7.12 最小误差树

7.6 最佳剪枝树(Best Pruned Tree)

有的数据挖掘软件在剪枝阶段的输出结果中除了最小误差树还突出了另一种树。那就是最佳剪枝树。最佳剪枝树很重要,因为它是误差在最小误差树的一个标准误差以内的一系列树中最小的树。从验证数据计算得到的误差只是一个估计值。如果我们有另外一个验证数据,那么最小误差就可能不同。我们计算的最小误差率可以被看作一个随机变量的观测值,其标准误差(标准偏差估计值)等于 $\sqrt{E_{\min}(1-E_{\min})/N_{val}}$。其中 $E_{\min}$ 是最小误差树的误差率,N_{val} 是验证数据集观测值的数量。在我们的例子中,$E_{\min}=0.1$,$N_{val}=150$,因此标准误差是0.0245。最佳剪枝树如图7.13所示。

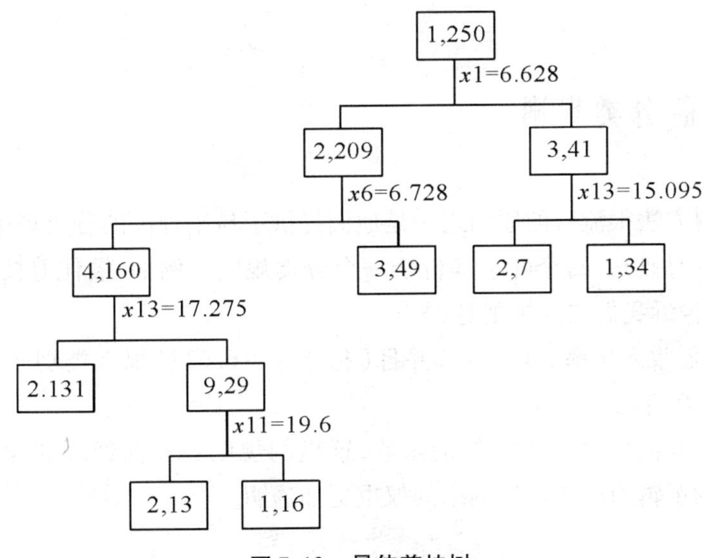

图7.13 最佳剪枝树

图7.14显示的是最佳剪枝树的分类汇总表的报告。

训练数据分类汇总表

观测\预测	预测类=2	预测类=3	预测类=1	正确率
实际类=2	143	12	6	0.888
实际类=3	4	37	0	0.902
实际类=1	4	0	44	0.917
总正确率				0.896

验证数据分类汇总表

观测\预测	预测类=2	预测类=3	预测类=1	正确率
实际类=2	83	3	8	0.883
实际类=3	2	25	0	0.926
实际类=1	4	0	25	0.862
总正确率				0.887

图 7.14 训练数据和验证数据在最佳剪枝树的分类汇总

7.7 树的分类规则

分类树方法很流行的原因之一是他们提供了易于理解的分类规则(至少树不是很大的时候)。每个叶子等价于一个分类规则。例如,最佳剪枝树中最右边的叶子,告诉我们它的规则是:

如果(低收入比率 >15.095)并且(犯罪率 >6.628)那么类别 =1(即房屋价值 <1.5 万美元)。

相比于其他分类法比如判别函数,这里的规则容易向经理和操作人员解释。他们的逻辑当然比神经网络的权重更加透明。

7.8 回归树(Regression Trees)

用于预测的回归树和分类树一样受欢迎。这里的结果变量是连续型变量,但是原理和程序是一样的,都是要找到许多的分割点,并计算每个分枝的混杂度(例如平方误差)。然后,树程序找出混杂度最小的分割点。

这个树方法是现成的分类和预测的好方法。

在本章的开头我们说过分类树不需要开发人员很多的劳动量。原因是,树不需要调整参数,不需要对变量进行变换(变量的任何单调变换都得到同样的树)。变量的子集选择是自动的,因为这是划分选择过程的一部分;在我们的例子中,最佳剪枝树已经从 13 个变量中自动选择了四个变量(犯罪率、房间数、低收入比例和中小学学生教师比率)。树不易受异常值的影响,因为对分割点的选择取决于观测值的排序,而不是绝对的度量值。

最后,树处理缺失值时不需要找替代值也不需要将有缺失值的观测删除。该方法可以根据变量对分类质量的影响,对他们的重要性进行排序。

注意:

(1)我们没有讲用 CART 如何处理类别型的解释变量。原则上和数值变量没有区别。对于类别型变量,分割点的选择都是采用能够将类别型数值分成两个子集的方法。例如,一个类别型变量有 4 个类,假定是{1,2,3,4},那么有 7 种方法可以将它分成两个子集:{1}和{2,3,4};{2}和{1,3,4};{3}和{1,2,4};{4}和{1,2,3};{1,2}和{3,4};{1,3}和{2,4};{1,4}和{2,3}。如果类别很多的话,那么分割的方法就变得很多。如果你遇上多于两个值的类别型解释变量,需要用几个虚拟变量来代替该变量,每个虚拟变量都是二元的和回归分析中的虚拟变量使用方式一样。

(2)除了 CHAID,另一种流行的分类树方法是 ID3(它的升级版是 C4.5)。这种方法是 Quinlan 提出的,他是机器学习的一个主要研究者,因此该方法很受有机器学习背景的人欢迎。

附录:西南财大数据挖掘系统分类树介绍

在此我们使用波士顿房屋数据。训练数据、验证数据和测试数据的比例按系统的缺省设置,即 50%、30%和 20%。在读入数据后点击有约束学习进入数据挖掘建模界面。采样和前两章介绍的数据划分步骤并放弃变量选择步骤,在数据挖掘建模界面的算法选择框中选择分类树选项,点击"挖掘"按钮。弹出的设置模型角色显示如图 7.15。

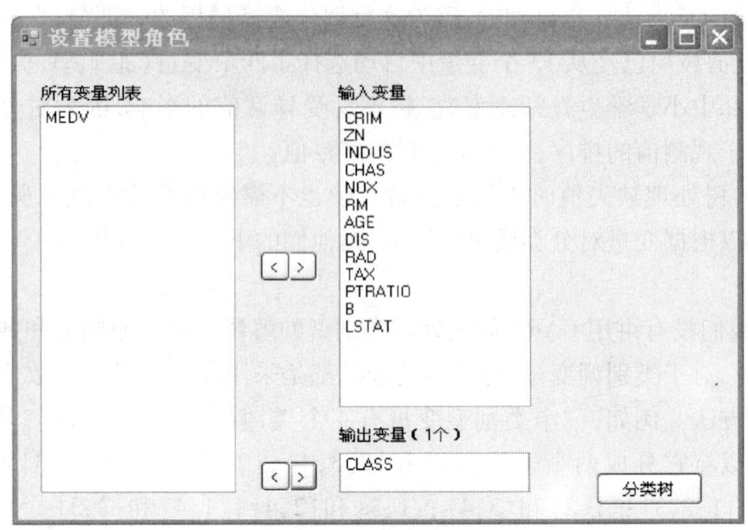

图 7.15　设置模型角色

在设置完模型角色之后点击右下角的“分类树”按钮。分类树建模界面被弹出。在分类树界面输入节点最小记录数(缺省为 1),因为我们的数据集合只有 500 条观测记录,因此我们使用节点最小记录数的缺省设置就行了。然后点击“画完全树”按钮。完全树就画在分类树界面上,如图 7.16。这样我们得到拟合训练数据最好的树。

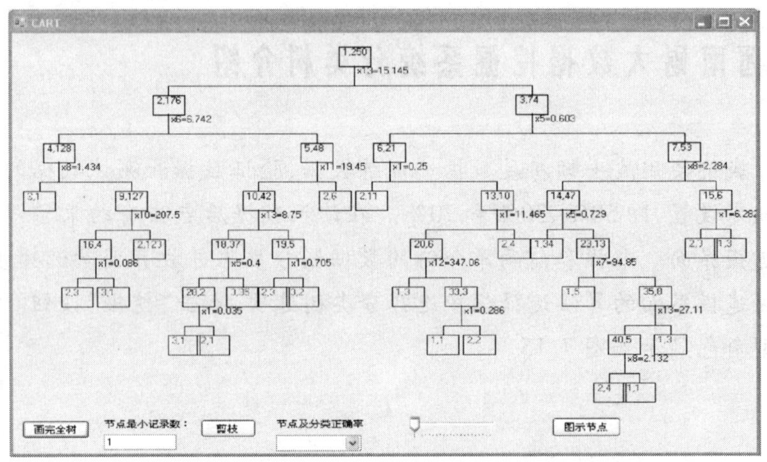

图 7.16　完全树

在画完全树的同时,分类汇总界面也自动产生,如图 7.17。这个界面是所有分类算法共有的。

分类汇总

训练数据分类 验证数据分类 测试数据分类 分类存盘 汇总存盘

CRIM	ZN	INDUS	CHAS	NOX
0.03237	0	2.18	0	0.458
0.06905	0	2.18	0	0.458
0.08829	12.5	7.87	0	0.524
0.22489	12.5	7.87	0	0.524
0.11747	12.5	7.87	0	0.524
0.63796	0	8.14	0	0.538
0.7842	0	8.14	0	0.538
0.7258	0	8.14	0	0.538
1.23247	0	8.14	0	0.538
0.84054	0	8.14	0	0.538
0.77299	0	8.14	0	0.538
1.00245	0	8.14	0	0.538
0.06417	0	5.96	0	0.499
0.17505	0	5.96	0	0.499
0.03359	75	2.95	0	0.428
0.15936	0	6.91	0	0.448
0.17142	0	6.91	0	0.448
0.18836	0	6.91	0	0.448

训练数据分类汇总表

观测\预测	预测类=3	预测类=
实际类=3	40	0
实际类=2	0	160
实际类=1	0	0
总正确率		

验证数据分类汇总表

观测\预测	预测类=3	预测类=
实际类=3	20	4
实际类=2	6	90
实际类=1	0	7
总正确率		

测试数据分类汇总表

观测\预测	预测类=3	预测类=
实际类=3	16	4
实际类=2	3	50
实际类=1	0	8
总正确率		

图 7.17　分类汇总界面

下一阶段是剪枝过程。点击分类树界面的“剪枝”按钮，它可能需要运行几秒或几分钟。运行结束后最小误差树显示在分类树界面，同时根据最小误差树模型对训练数据、验证数据和测试数据的分类结果也发生了改变。要察看这些改变，点击分类界面上的“训练数据分类”、“验证数据分类”以及“测试数据分类”等按钮，分类汇总界面上的分类结果和右边的分类汇总表也发生了改变，如图 7.18。

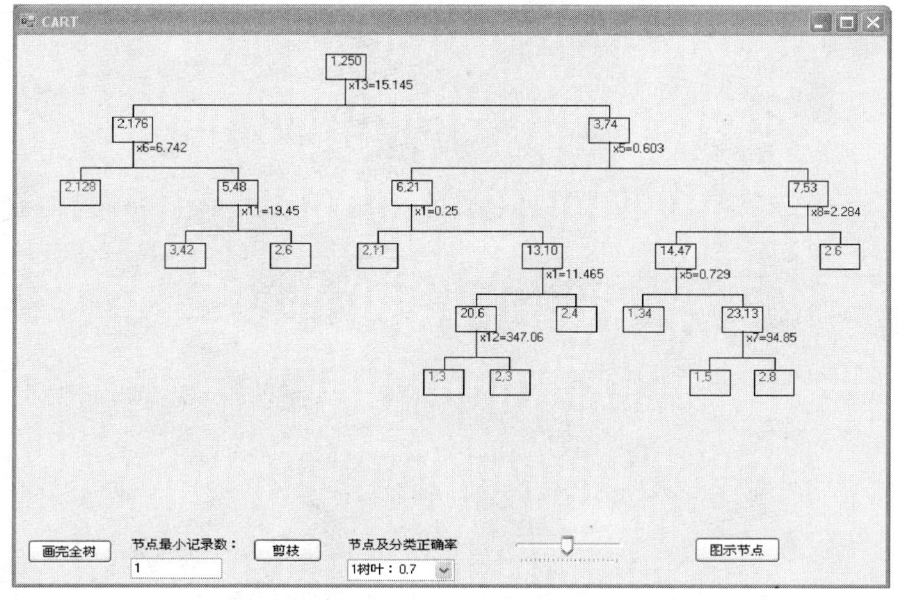

图 7.18　剪枝后的完全树

如果想更详细地了解剪枝的整个过程,滑动分类树界面下端的游标就可以清晰地了解全过程。对应不同树叶数的分类树会依次显示在界面上,树叶数量和对应的分类正确率在下端的综合文本框中列出。另外点击右下角的“图示节点”按钮,节点信息界面出现(如图7.19)你可以得到验证数据分类正确率和树叶数量之间的关系图和完全树所有节点的信息。

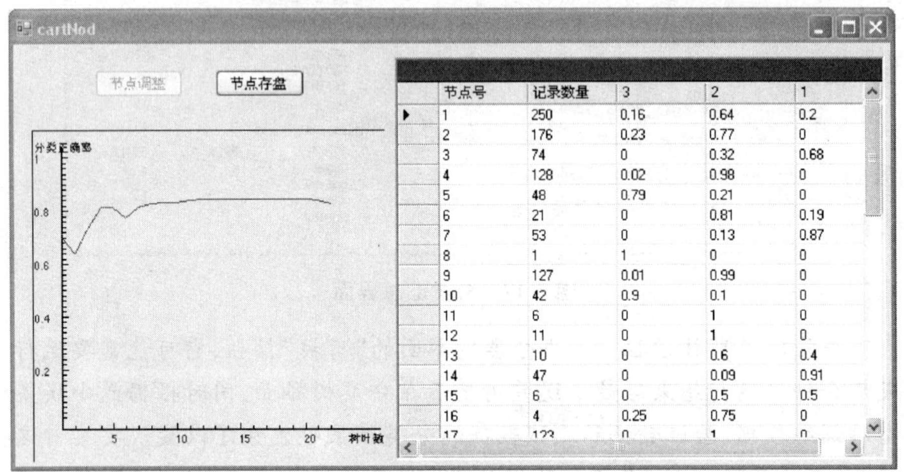

节点号	记录数量	3	2	1
1	250	0.16	0.64	0.2
2	176	0.23	0.77	0
3	74	0	0.32	0.68
4	128	0.02	0.98	0
5	48	0.79	0.21	0
6	21	0	0.81	0.19
7	53	0	0.13	0.87
8	1	1	0	0
9	127	0.01	0.99	0
10	42	0.9	0.1	0
11	6	0	1	0
12	11	0	1	0
13	10	0	0.6	0.4
14	47	0	0.09	0.91
15	6	0	0.5	0.5
16	4	0.25	0.75	0
17	123	0	1	0

图7.19　节点信息

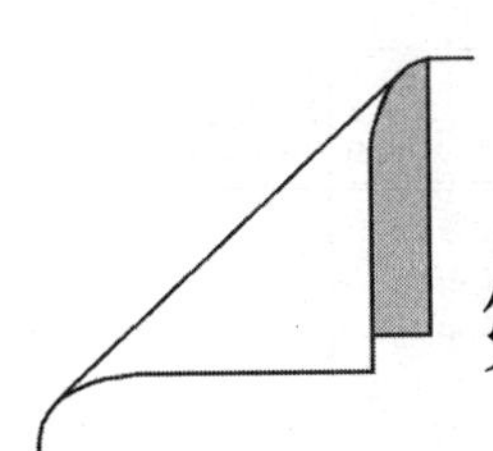

第八章 判别分析

判别分析的思想是:使用在不同群体上的连续变量测量值去彰显区分这些群体的特点,并且利用这些测量值为新记录分类。该方法的普遍使用在于把一些生物分类到种和亚种;把贷款、信用卡和保险的业务分成低风险和高风险两类;把一件新产品的客户分成尝鲜者、早期大多数、晚期大多数以及落后者几类;把债券分成收益率不同的类别;给人类的头盖骨化石分类等。另外该方法还应用到涉及版权纠纷的研究,大学录取决定,关于酒鬼和非酒鬼分类的医学研究以及识别人类指纹等。

下面我们将介绍一个判别分析的例子,这有助于我们理解判别分析方法。

8.1 骑乘式割草机

一个骑乘式割草机的制造商想找一个方法把城市的家庭划分为可能会购买载人割草机和不可能购买的两类。已知一个样本包括该城的12个拥有该种割草机的家庭和12个不拥有该种割草机的家庭,数据如第七章的表7.1所示,在此我们把数据绘在图8.1中。

我们可以设想利用线性判别规则作一条线将x_1,x_2区域分为两个部分,大多数的拥有者在一侧,而大多数的不拥有者在另外一侧。一个好的判别规则将数据分开,使得最少的点被错判,图8.1所示的线在24个点中判错了4个,判别两类的效果似乎不错。那么我们能否做得更好些呢?

8.2 Fisher的线性判别函数

20世纪的统计大师R. A. Fisher提出的判别分析理论可以让我们对此加以改进。判别分析的两个重要目标是解决以下这两个问题:

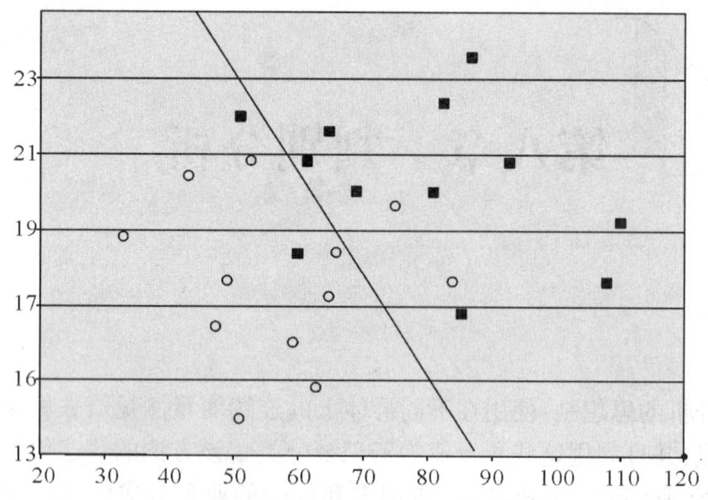

图 8.1　用手工划线区别拥有和不拥有骑乘式割草机的家庭

(1)在决定一个个体的类别的自变量里面那些是最重要的?

(2)分类的最佳线性法则是什么?

在此我们主要探讨第二个目标。对第一个目标感兴趣的读者,可以回顾一下在多元线性回归里面我们是如何逐步筛选最佳自变量的,辨识分析里面的筛选思想和它很类似。

在辨识分析里面,因变量(Y)是类别,自变量 x_i 是那些可以描述该群体的属性。因变量总是类别型变量,自变量可以是任意类型的变量。如果我们假定这些类别线性可分,我们就可以使用线性辨识模型。线性可分指的是可以用属性的线性组合把这些类别区分开来。如果用图形来描述,Fisher 判别分析就是寻找一条直线(当 x 的维数大于 2 时为高维空间的平面)使得不同类别的数据在该直线上的投影能够容易地区分开来。如图 8.2 右所示。

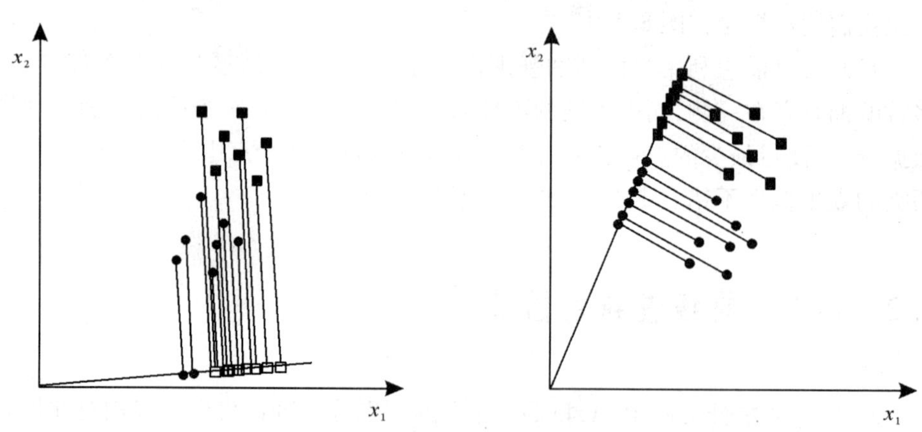

图 8.2　两类数据在不同方向上的投影

Fisher 判别法是根据方差分析的思想建立起来的一种能较好区分各个总体的线性判别法。它的具体做法是:利用具有 m 个指标的训练数据,借助于方差分析的思想构造一个线性判别函数

$$Y = d_1X_1 + d_2X_2 + \cdots + d_mX_m$$

其中系数 $d_1, d_2, \cdots, d_m$ 确定的原则是使两组间的组间离差平方和最大,而每个组的组内离差平方和最小。这一判别函数被称为 Fisher 判别函数。当建立了判别式以后,对一个新的样品值,我们可以将它的 m 个指标值代入判别式中求出 Y 值,然后与某个临界值比较,就可以将该样品归某类。关于系数估计的方法请参照《应用多元分析》一书,该书由王学民编著,上海财经大学出版社出版。

8.3 贝叶斯线性分类函数

在有 C 个类别、n 个观测记录(或者个体)的分类问题里,如果我们假定每一个类别的自变量均服从多元正态分布,而且它们的协方差矩阵相同。根据贝叶斯原理推导出的线性辨识分析用于分类第 k 个记录的公式表示如下

$$f_i = \mu_i S^{-1} X_k^T - \frac{1}{2}\mu_i S^{-1}\mu_i^T + \ln(p_i),\ i = 1, \cdots, C,\ k = 1, \cdots, n$$

其中 μ_i 是类别 i 的平均向量,p_i 是类别 i 出现的概率(用相对频率估计);记录 k 的自变量向量是 $X_k = (x_k^1, x_k^2, \cdots, x_k^m)$, m 是自变量的个数;$S = \frac{1}{n - C}\sum_{j=1}^{C}(n_j - 1)S_j$。

其中 n_j 和 S_j 分别是属于第 j 类的所有纪录的样本数量和样本协方差矩阵。对于每一个记录我们可以计算出 $f_1, \cdots, f_C$,里面最大的值对应的类就是该记录的预测类。

图 8.3 是我们在 EZ - Miner 中选择了判别分析选项得到的结果。我们的程序同时给出了 Fisher 判别分析和贝叶斯分类函数的结果。对于割草机数据,这两种方法的分类结果完全相同。

观测\预测	预测类=1	预测类=0	正确率
实际类=1	11	1	0.917
实际类=0	2	10	0.833
总正确率			0.875

图 8.3 判别分析分类结果

图 8.3 是使用辨识程序得到的分类结果。在这个辨识程序里我们可以选择把分类函数显示出来。我们可以看到存在一个比上面的直线的分类误差率(4/24)更低的分类误差率(3/24)。

下面我们看一看这些结果背后的 Fisher 线性分类思想。图 8.4 是其逻辑示意图。在 x_1, x_2 空间,考虑不同的方向,例如图 8.4 所示的 D_1 和 D_2 方向。挑选出好的判别函数的方法是:在所有的方向里有一个方向使得这两类的均值在其上的投影点之间的距离(请看下文对距离的解释)最大。这两类的均值分别如表 8.1 所示。

表 8.1　两类均值的值

	收入水平	草坪面积
均值 1(拥有家庭)	79.5	20.3
均值 0(非拥有家庭)	57.4	17.6

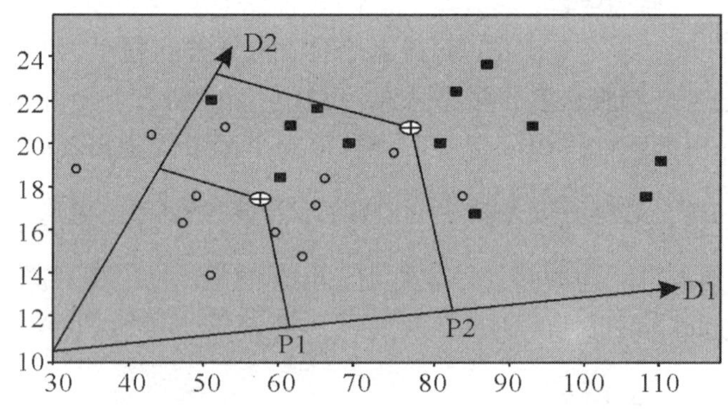

图 8.4　Fisher 线性判别规则的图形解释

程序给出的贝叶斯分类函数如图 8.5 所示。这些分类函数是这样使用的:一个家庭被划归拥有类别 1 如果 f_1 大于 f_2,反之就归为非拥有类别 0。类似地我们可以把一个集合划分为 3 类或者更多的类。在表格里为这些函数给出的值是各个变量的权重,这跟多元线性回归里的各变量的系数类似。下面我们将为我们数据集合的观测数值计算这类函数,结果显示在表 8.2 中。

分类函数	常数项	Income	LotSize
f_(类别=1)	-73.16	0.43	5.467
f_(类别=0)	-51.421	0.329	4.682

图 8.5　贝叶斯分类函数

表 8.2 西南财大数据挖掘系统对割草机数据进行贝叶斯判别分析分类的结果

No	x1	x2	实际类	预测类	f(类别 = 1)	f(类别 = 0)
1	60	18.4	1	0	53.203	54.481
2	85.5	16.8	1	1	55.411	55.389
3	64.8	21.6	1	1	72.759	71.043
4	61.5	20.8	1	1	66.968	66.21
5	87	23.6	1	1	93.229	87.717
6	110.1	19.2	1	1	79.099	74.727
7	108	17.6	1	1	69.45	66.544
8	82.8	22.4	1	1	84.865	80.716
9	69	20	1	1	65.816	64.935
10	93	20.8	1	1	80.5	76.585
11	51	22	1	1	69.017	68.37
12	81	20	1	1	70.971	68.888
13	75	19.6	0	1	66.207	65.039
14	52.8	20.8	0	0	63.23	63.345
15	64.8	17.2	0	0	48.705	50.444
16	43.2	20.4	0	0	56.92	58.311
17	84	17.6	0	1	59.14	58.64
18	49.2	17.6	0	0	44.19	47.178
19	59.4	16	0	0	39.825	43.047
20	66	18.4	0	0	55.781	56.457
21	47.4	16.4	0	0	36.857	40.968
22	33	18.8	0	0	43.791	47.461
23	51	14	0	0	25.283	30.918
24	63	14.8	0	0	34.812	38.615

请注意:1,13 和 17 被分错了类。

8.4 距离度量

我们依然需要决定如何测量记录和记录之间的距离。我们可以使用欧氏距离,但欧氏距离有两个缺点。首先,距离会依赖于我们测量变量所用的单位。例如我们在测量草坪面积时使用平方英尺和千平方英尺得出的结果会不一样。另外,变量之间的相关结构也不能体现出来。这经常是我们考虑的一个重要方面,特别是当我们使用多个变量进行分类时。在这种情况下,通常有一些变量本身可作为很好的分类变量,但是在其他变量存在时,它们实际上成了多余变量,因为它们和其他变量捕捉了同样的信息。

如果我们有潜在的客户列表,并有收入和草坪面积的数据,我们可以利用判别函数来识别这些家庭是否属于将要购买产品的第一类。

8.5 分类误差

我们期望分类函数的精确度达到多少呢?在上面的例子中误差率为12.5%,然而这是有偏差的估计——有些过于乐观,这是因为我们利用同样的数据来拟合分类参数和估计误差。常识告诉我们若对一个新数据集使用这些分类函数,误差率会变得更高。在数据挖掘应用中,通常将数据集随机地分为训练数据集和验证数据集。我们会使用训练数据部分来估计分类函数,用验证数据部分来得到更为可靠无偏的分类误差估计。

到目前为止,我们假定目标是减少分类误差,以上我们提到的方法还假定每一个类里需要分类的记录的数量是大致相同的。如果需要分类的个体出自两个类的机会不相等,我们就应该修改函数以减少期望的误分类率。还有,在某些情况下我们可能并不期望得到很小的误分类率。如果把类 1 的个体错误地分为类 0 的代价和把类 0 的个体错误地分为类 1 的代价不同的话,我们就会考虑使得期望的错误分类代价最小化,而不是简单地把错误分类率最小化。很容易地可将这两种情形引入分析的框架,我们所需要做的就是给出遇到一个类 1 个体的机会和遇到一个类 2 个体的机会的比率以及犯两种分类错误的代价之比。这些比率会改变使得错误分类的期望代价最小化的线性分类函数的常数项。以上的关于两类的分析可以容易地推广到多类的情况。

8.6 鸢尾花的分类

鸢尾花的分类是由 R. A. Fisher 用来解释计算分类函数的方法的经典例子。这个数据集包含不同鸢尾花的四个属性的长度测度,每个品种的花测量了 50 只,完整的数据集保存在 Iris. xls,部分数据如表 8. 3 所示。

表 8.3 鸢尾花的部分数据

观测记录	花类编号	花瓣宽	花瓣长	花萼宽	花萼长
1	1	0.2	1.4	3.3	5
2	1	0.2	1	3.6	4.6
3	1	0.2	1.6	3.1	4.8
4	1	0.1	1.4	3.6	4.9
5	1	0.2	1.3	3.2	4.4
6	1	0.2	1.6	3.8	5.1
7	1	0.2	1.6	3	5
8	1	0.4	1.9	3.8	5.1
9	1	0.2	1.4	3	4.9
10	1	0.2	1.4	3.6	5

利用西南财大数据挖掘系统我们同时得到 Fisher 判别分析和贝叶斯线性分类结果。该数据通过 Fisher 判别分析的分类结果如表 8.4。

表 8.4 Fisher 判别分析的分类输出结果

	预测类 = 1	预测类 = 2	预测类 = 3	分类正确率(%)
实际类 = 1	50	0	0	100
实际类 = 2	0	49	1	98
实际类 = 3	0	2	48	96
总计				98

这个结果和使用相同的数据在 SAS 等著名统计软件的结果一样。根据两个主要方向上的 Fisher 判别函数而画出的分类数据图如图 8.6。

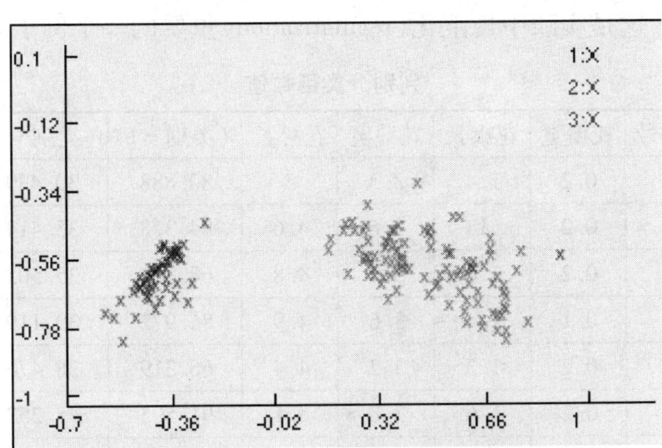

图 8.6 Fisher 判别方法得到的分类图

使用贝叶斯线性分类函数对该数据进行的分类结果和使用 Fisher 判别函数得到的结果非常近似,如表 8.5 所示。表 8.6 是 EZ - Miner 给出的线性分类函数。

表 8.5 贝叶斯线性分类函数分类结果

	预测类 = 1	预测类 = 2	预测类 = 3	分类正确率(%)
实际类 = 1	50	0	0	100
实际类 = 2	0	48	2	96
实际类 = 3	0	2	48	96
总计				97

表 8.6 贝叶斯线性分类函数

分类函数	常数项	花瓣宽	花瓣长	花萼宽	花萼长
f(类别 = 1)	-84.541	-16.162	-14.798	22.555	22.99
f(类别 = 2)	-72.375	7.257	3.692	6.857	16.514
f(类别 = 3)	-101.227	20.958	9.471	3.962	14.246

表 8.7 给出了第 1～15 朵花的分类函数值计算。对于第 10 朵花，它属于类 1 的分类函数值是 87.654，属于类 2 和 3 的分类函数值分别是 41.496 和 1.715。最大值是 87.654，因此我们把第 10 号花划分到类 1。当各类的自变量服从的多元正态分布的协方差矩阵差别显著时，线性分类法则就不再是最优的。在这种情况下，最优分类函数是分类变量的二次函数。然而，在实际应用中其用途并不大，除非是协方差矩阵的差别很大，并且用于训练和测试的可获得的数据量很大。原因是二次函数模型里需要估计的参数更多，而且也都有误差。如果有 c 类和 p 个变量，则需要估计的不同方差矩阵的参数个数为 $cp(p+1)/2$。这是实践中规范化（regularization）重要的一个例子。

表 8.7 判别分类函数值

观测记录	花编号	花瓣宽	花瓣长	花萼宽	花萼长	f(类别 = 1)	f(类别 = 2)	f(类别 = 3)
1	1	0.2	1.4	3.3	5	80.888	39.439	0.526
2	1	0.2	1	3.6	4.6	84.378	33.414	-7.772
3	1	0.2	1.6	3.1	4.8	68.819	35.503	-1.221
4	1	0.1	1.4	3.6	4.9	86.972	39.119	-1.806
5	1	0.2	1.3	3.2	4.4	66.319	28.476	-9.364
6	1	0.2	1.6	3.8	5.1	91.505	45.257	5.826
7	1	0.2	1.6	3	5	71.162	38.12	1.232
8	1	0.4	1.9	3.8	5.1	83.833	47.816	12.859
9	1	0.2	1.4	3	4.9	71.823	35.73	-2.087
10	1	0.2	1.4	3.6	5	87.654	41.496	1.715

表 8.7(续)

观测记录	花编号	花瓣宽	花瓣长	花萼宽	花萼长	f(类别=1)	f(类别=2)	f(类别=3)
11	1	0.4	1.5	3.4	5.4	87.627	48.55	11.759
12	1	0.2	1.4	4.2	5.5	112.682	53.867	11.215
13	1	0.2	1.4	2.9	4.4	58.072	26.788	-9.606
14	1	0.1	1.4	3	4.8	71.14	33.353	-5.607
15	1	0.3	1.7	3.8	5.7	102.202	56.26	17.416

附录 A:马氏距离

马氏(Mahalanobis)距离,即两个 p 维向量 y_1 和 y_2 之间的距离

$$d(y_1,y_2) = \sqrt{(y_1 - y_2)^T \sum^{-1} (y_1 - y_2)}。$$

在此,$\sum$ 是一个 p 维的对称正定矩阵。显然,如果 $\sum$ 是一个单位矩阵,那么马氏距离就等价于欧氏距离。在线性判别分析里我们使用不同类的合并样本协方差矩阵。令 X_1 和 X_2 分别是关于类 1 和类 2 的 $n_1 \times p$ 和 $n_2 \times p$ 的观测值矩阵,各自的样本协方差矩阵为 S_1 和 S_2,那么合并协方差矩阵 $S = \{(n_1 - 1)S_1 + (n_2 - 1)S_2\}/(n_1 + n_2 - 2)$。矩阵 S 决定了在图 8.6 讨论的线性判别函数的最佳方向(实际上是最大特征根对应的特征向量的方向)。当我们采样的两类的全体的变量值服从多维正态分布,并具有相同的协方差矩阵时,在最小化错误分类误差的期望值方面马氏距离也是最优的。当样本很大时,近似正态性通常足以使得该方法接近最优。

附录 B:西南财大数据挖掘系统的判别分析

在此我们使用 Fisher 的 iris 数据。为了和统计软件中的判别分析结果有可比性,我们把所有的观测记录都放入训练数据集合。在读入数据后点击有约束学习进入数据挖掘建模界面。采样和前几章介绍的数据划分步骤并放弃变量选择步骤,在数据挖掘建模界面的算法选择框中选择判别分析选项,点击“挖掘”按钮。弹出的设置模型角色界面显示如图 8.7。

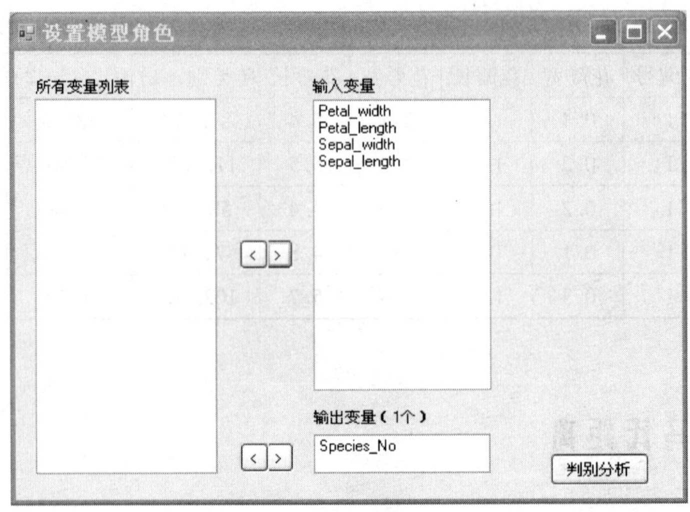

图 8.7　设置模型角色

在设置完模型角色之后点击右下角的“判别分析”按钮。判别分析结果界面、贝叶斯分类界面和判别函数分类界面同时被弹出。判别分析结果界面包括前面介绍的贝叶斯分类函数以及书中没有介绍却在应用多元分析教科书中均有详细解释的判别函数以及几个判别函数重要性检验的有关统计量。点击类别投影标签右边的“训练数据”按钮，训练数据在前两个判别函数方向上的投影图出现，如图 8.8。

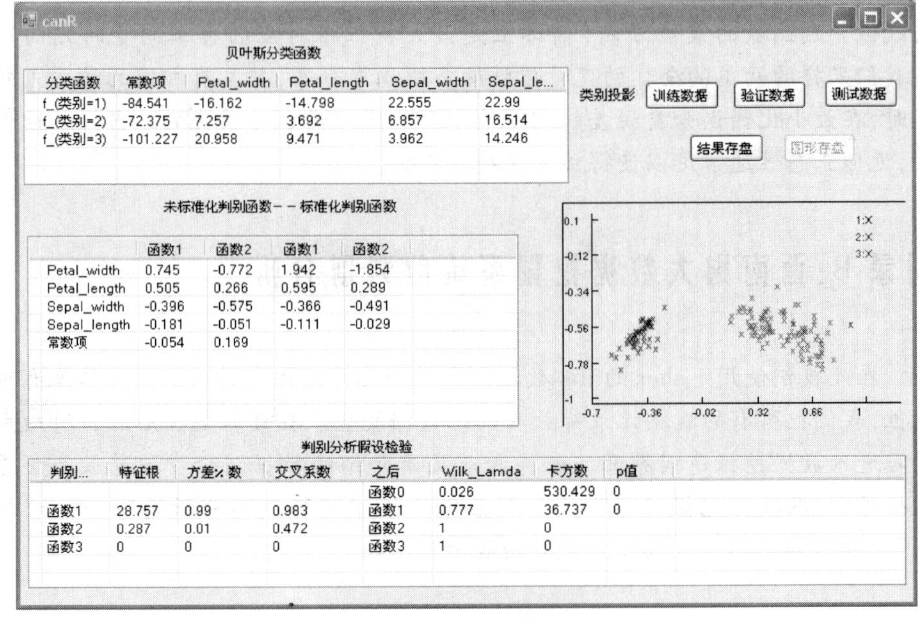

贝叶斯分类函数

分类函数	常数项	Petal_width	Petal_length	Sepal_width	Sepal_le...
f_(类别=1)	-84.541	-16.162	-14.798	22.555	22.99
f_(类别=2)	-72.375	7.257	3.692	6.857	16.514
f_(类别=3)	-101.227	20.958	9.471	3.962	14.246

未标准化判别函数－－标准化判别函数

	函数1	函数2	函数1	函数2
Petal_width	0.745	-0.772	1.942	-1.854
Petal_length	0.505	0.266	0.595	0.289
Sepal_width	-0.396	-0.575	-0.366	-0.491
Sepal_length	-0.181	-0.051	-0.111	-0.029
常数项	-0.054	0.169		

判别分析假设检验

判别...	特征根	方差% 数	交叉系数	之后	Wilk_Lamda	卡方数	p值
				函数0	0.026	530.429	0
函数1	28.757	0.99	0.983	函数1	0.777	36.737	0
函数2	0.287	0.01	0.472	函数2	1	0	
函数3	0	0	0	函数3	1	0	

图 8.8　判别分析结果

除此之外，贝叶斯分类界面和判别函数分类界面给出了以前我们用其他分类方法得到的相同格式的数据分类汇总。在此我们只列出了贝叶斯分类界面（如图 8.9），因为判别函数分类界面的格式和它一样。

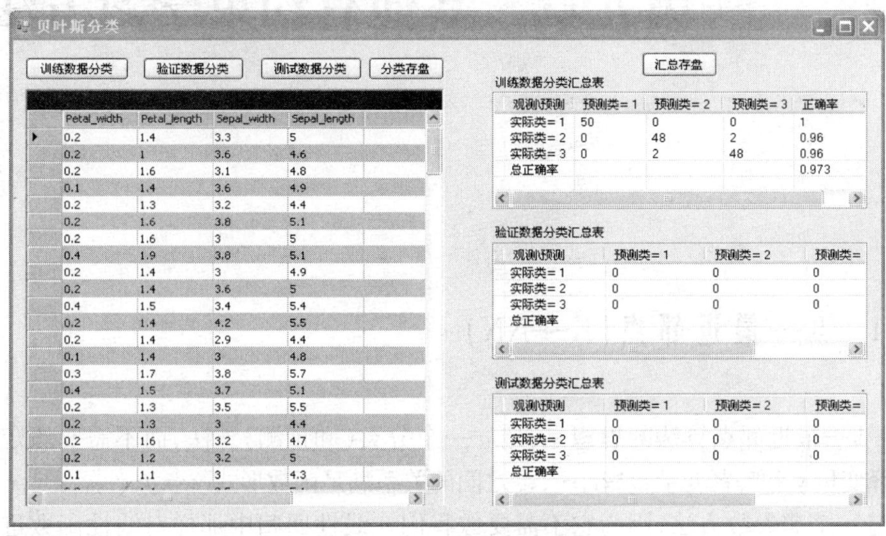

图 8.9　贝叶斯分类界面

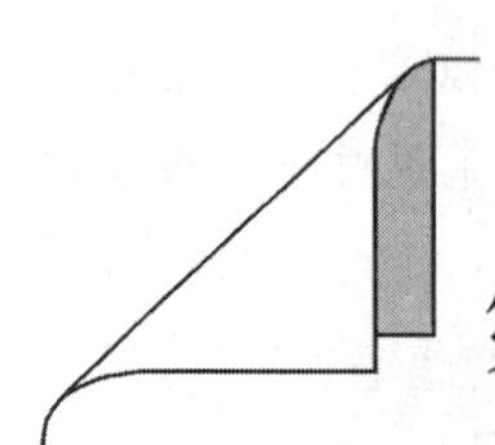

第九章　其他有约束学习方法

9.1　K—最近邻点(K—NN)

k—最近邻点算法的思想是,建立一个分类(和预测)方法,而不需要假定被解释变量 y 和解释变量 $x_1, x_2, \cdots, x_p$ 之间的关系满足函数形式 $y = f(x_1, x_2, \cdots, x_p)$。这是一个非参数方法,因为它不需要像我们在线性回归中那样对线性函数进行参数估计。

我们建立一个训练数据集,其中每个观测都有一个 y 的值,它是每个观测所属的类别。例如,如果我们有两个类别,那么 y 是一个二值变量。K—最近邻点方法的原理就是,对于我们想进行分类的一个新记录($u_1, u_2, \cdots, u_p$),在训练数据集合里动态地挑选和它类似的 k 个记录。然后我们用这些类似(邻近)的记录把这个新记录归类。说得具体一点儿,我们根据自变量的数值在训练数据里寻找和该记录类似或者"相近"的记录,然后,根据这些邻点的类别我们把这个新记录进行归类。

首先,我们必须找到一个可以用自变量的数值计算出记录和记录之间的距离或不相似程度的测度。在此我们将继续采用最流行的计算距离的测度—欧氏距离。数据点($x_1, \cdots, x_p$)和($u_1, u_2, \cdots, u_p$)之间的欧氏距离是 $\sqrt{(x_1 - u_1)^2 + (x_2 - u_2)^2 + \cdots + (x_p - u_p)^2}$(当我们讨论聚类方法时我们还要学习其他的定义两点之间距离的方法)。然后我们需要一个法则,这个法则可以根据邻点的类别确定待分类记录的类别。最简单的情形是取 $k = 1$,我们找到最近的邻点,令 $v = y$(v 是新纪录的预测类别),y 是这个最近的邻点的类别。事实上,当我们的训练数据里的记录很多时,使用一个最近邻点的这一简单直观的方法非常有效。

可以证明 1—NN 方法产生的错误分类的概率不多于在已知各类的概率密度函数情况下的错误分类概率的 2 倍。换句话说,如果我们有足够多的数据并使用非常复杂的分类规则,我们能减少的分类误差至多是简单的1—NN规则分类误差的一半。

9.1.1 K—NN过程

我们把1—NN思想推广就得到以下的K—NN方法。把最近的k个邻近点找出来,然后按少数服从多数的法则对一个新记录进行分类。这种方法的优点是:较大的k值所提供的平滑作用会降低因噪音而引起的过分拟合。在一般的应用中,k是几或者几十,但不会到几百上千。注意:如果k=n,即k等于训练数据集合的记录的数量,不管新记录($u_1, u_2, \cdots, u_p$)里面的数值是什么,我们都会把所有的记录划分到一个类里,这个类所包括的训练数据的记录最多。这显然是一个过于平滑的情形,除非在解释变量中完全没有被解释变量的信息。

9.1.2 骑乘式割草机

一个骑乘式割草机的制造商想找一个方法把城市的家庭划分为可能会购买载人割草机和不可能购买的两类。已知一个样本包括该城的12个拥有该种割草机的家庭和12个不拥有该种割草机的家庭,数据如表7.1所示(第76页),并绘在图7.1中。在此我们把散点图重新画在下面,如图9.1。

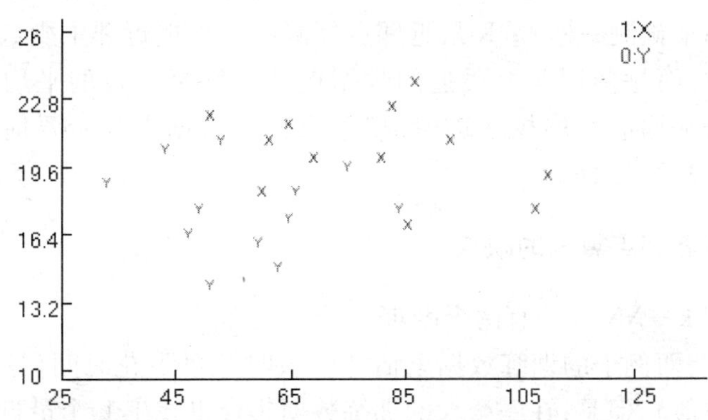

横轴:年收入;纵轴:地块大小;Y:非拥有者;X:拥有者

图9.1 割草机样本数据散点图

我们如何选择k的数值呢?在数据挖掘中,我们使用训练数据给验证数据的记录进行分类,然后计算选择不同的k值所产生的分类错误率。在我们的例子中,我们随机地把数据分成有18个记录的训练集合和有6个记录的验证集合。当然在数据挖掘的实际应用中,集合的数据量要大得多。验证数据集合包括割草机数据集合里面的第6, 7, 12, 14, 19, 20个记录。余下的18个记录属于训练集合。如果我们选择k=1,我们的分类将会对我们数据的局部特征非常敏感。如果我们选择一个较大的k值,那么在大量的数据点上进行平均,我们就会把和单个记录有关的噪声给平均掉。如果我们选择 k =18,我们就会把所有的验证数据记录都归到训练数据里面记录最多的类里。这是一个非常稳定的预测,但是却完全忽略了自变量里的信息。表 9.1 显示的是 k 的取值不同时,验证数据错误分类率的变化情况。

表 9.1　　骑乘式割草机数据的分类误差

k	1	3	5	7	9	11	13	15	18
错误分类率 %	33	33	33	33	33	17	17	17	50

在此情况下,我们会选择 k =11(或者选择 13)。这个选择最好地平衡了低的 k 值造成的区域数据的过度敏感和高的 k 值造成的过分平滑之间的矛盾。值得一提的是,通过“参数的有效个数”概念来理解 k 是一个有用的方法。对于 k,相应的参数的有效个数是 n/k,其中 n 是训练数据集中观测的个数。因此,k =11 时参数有效个数大约是 2,表示它与由两个系数拟合的线性回归的平滑程度大体相似。

9.1.3　K 最近邻点预测

K 最近邻点的思想经过简单地扩展,可以用来预测连续型的值(正如多元线性回归可用来预测一样)。K 最近邻点预测不是根据近邻中少数服从多数原则来确定分类,而是使用 k 个最近的数据点的被解释变量的平均值作为预测值。一般这个平均值是加权平均值,权重依赖于数据点与所要估计的点的距离,距离越远权重就越小。

9.1.4　k—最近邻点算法的缺点

实际利用 k—NN 方法有两个困难。

首先,从上面例子的训练数据里估计参数时几乎不花时间(这和回归模型的参数估计类似),但是,在一个大的训练数据集合里找出 k 个最近的邻点计算机需要花费大量的时间。目前人们想出了许多办法来克服这一困难。主要的方法有:

(1) 通过使用如主成分分析的方法减少自变量维数,以减少用于计算距离的时间。

(2) 采用灵巧的数据结构,例如搜索树,以加快挑选最近邻点的过程。这一方法在寻找邻点时,不是寻找“最近的”而是寻找一个“几乎最近的”邻点来换取速度。

(3) 编辑训练数据,删除训练数据里的多余的或者“近似多余的”的点以加快对最近邻点的搜索。例如我们可以删除掉那些训练集合里对分类没有影响的记录，因为它们被属于同类的其他记录所包围。

另外，训练数据里分类所需要的记录数量随着维数 p 的增加而呈指数增长。这一现象被称为“维数诅咒”，指的是如果训练数据里的自变量在 p 维超立方里分布均匀，那么一个点到中心的距离在 0.5 之内的概率是

$$\frac{\pi^{p/2}}{2^{p-1}p\Gamma(p/2)}$$

表 9.2 显示了随着 p 和 n 的不同组合这一概率迅速趋于 0 的情况。n 是训练数据集的容量。它显示了在超立方中心的 0.5 个单位之内的点的个数的期望。

表 9.2　　超立方中心的 0.5 个单位之内的点的个数

	P							
n	2	3	4	5	10	20	30	40
10 000	7854	5236	3084	1645	25	0.0002	2×10^{-10}	3×10^{-17}
100 000	78 540	52 360	30 843	16 449	249	0.0025	2×10^{-9}	3×10^{-16}
1 000 000	785 398	523 600	308 425	164 493	2490	0.0246	2×10^{-8}	3×10^{-15}
10 000 000	7 853 982	5 236 000	3 084 251	1 644 934	24 904	0.2461	2×10^{-7}	3×10^{-14}

维数的诅咒是所有的分类、预测和聚类方法都存在的根本性的问题。这是为什么我们经常寻找降低预测变量空间维数的方法：例如针对模型选择预测变量的子集或将预测变量组合起来的方法如主成分法、奇异值分解和因子分析。在人工智能文献中，降维通常被说成因子选择或特征提取。

9.2　简单贝叶斯(Naive Bayes)

9.2.1　贝叶斯理论

在概率论中，贝叶斯理论给出了已知一后续事件已经发生，某先验事件发生的概率。例如，在已知一个人的化验结果是 HIV 阳性(艾滋病毒携带者)的情况下，他或者她是 HIV 阳性的概率。在分类领域，在已知一个对象的特征的情况下，贝叶斯定理给出了推断该物体属于某一类的概率的公式。假定我们有 m 个类，$C_1,C_2,\cdots,C_m$，并且我们知道各类物体所占有的比例 $P(C_1),P(C_2),\cdots,P(C_m)$，假定一个对象 O，有 n 个属性值 $X_1,X_2,\cdots,X_n$。我们不知道这个对象的类别，因此想根据这些属性值来分类。如果我们知道每个类别的属性值 $X_1,X_2,\cdots,X_n$ 发生的概率，贝叶斯理论计算这个对象属于类别 C_i 的概率的公式

如下

$$P(C_i \mid X_1, X_2, \cdots, X_n) = \frac{P(X_1, X_2. \cdots X_n \mid C_i)P(C_i)}{P(X_1, X_2 \cdots X_n \mid C_1)P(C_1) + \cdots + P(X_1, X_2 \cdots X_n \mid C_m)P(C_m)}$$

这是后验概率,有别于在缺乏对象的属性信息的情况下,对象属于类别 C_i 的概率。为达到分类的目的,我们只要知道哪个类别 C_i 有最高的概率即可。注意,既然对于所有的类别后验概率计算公式的分母都相同,只是为了达到分类的目的的话,我们就不需要计算它。

9.2.2 贝叶斯理论的难题

使用这个公式的困难是如果变量的个数 n,即使不很大,比如 20,类别数 m=2,即使所有的变量都是二值变量,我们需要一个有几百万观测的大数据集,才能得到 $P(X_1, X_2, \cdots, X_n \mid C_i)$ 的合理估计,它是假定观测到的纪录属于 C_i 类,该纪录的属性向量为 $(X_1, X_2, \cdots, X_n)$ 的概率。事实上,公式中所有类别要求的这个向量可能对某些类别而言并不在我们的训练集中;甚至在整个数据集合里也可能找不到。例如在预测选举的例子里,即使一个数据量很大的数据集合可能也会漏掉许多这样的人:男性、西班牙裔、高收入、参加了上次选举、没有参加预选、有 4 个孩子、离婚、等等。

9.2.3 简化—独立性假定

如果每一个类里纪录的所有属性之间两两互相独立的假设合理的话,我们可以大大简化这一公式,并让它变得实用。遵循独立事件概率的乘法法则(多种事件发生的概率等于它们各自概率的乘积)我们就可以对公式进行简化

$$P(X_1, X_2, \cdots, X_m \mid C_i) = P(X_1 \mid C_i)P(X_2 \mid C_i) \cdots P(X_m \mid C_i)$$

右边的项可以由频率来估计,$P(X_j \mid C_i)$ 等于训练数据中类别 C_i 里值 X_j 出现的次数除以属于类别 C_i 的纪录总量。我们希望每个属性的每个可能值在训练数据中都能得到。如果得不到某个类别(例如 C_i)的某属性值(比如 X_j),那么 $P(X_j \mid C_i)$ 的估计概率将是0。通常这是合理的,所以我们可以放宽要求,训练数据集中每个属性的每个可能值不必都具备。任何情况下,所要求的观测的数量比没有作独立性假定的公式所要求的数量都要少得多。独立性假定是一个非常简单的假定,因为属性之间可能相关。令人惊讶的是,这个所谓的"简单"贝叶斯方法,在实践中很管用,特别是有很多变量并且这些变量是二值的或是只有几个离散值的类别型时。

如果每一个预测变量 X_j 都是类型变量,那么我们可以应用已有的贝叶斯公式来计算所有的 $P(X_j \mid C_i)$。对于某些预测变量 X_j 是连续的情况,通常我们有

两种处理方法：一种是把这些变量离散化；另一种就是假设变量在每个类别 C_i 上均属于正态分布。在第二种情况下，我们所需要做的就是估计 X_j 在每个类别 C_i 上的均值和方差，然后用正态分布的密度函数来代替在离散情况下的 $P(X_j \mid C_i)$。

9.2.4 逃税数据

表 9.3 是虚构的 10 个美国纳税人的背景和是否逃税的结果信息。在这个表格中前 3 列为预测变量，最后 1 列为需要分类的结果类别。在 3 个预测变量中，可征税收入可以看作连续变量。

表 9.3 逃税数据

去年退税	婚姻状况	可征税收入	逃税
Yes	单身	125	No
No	已婚	100	No
No	单身	70	No
Yes	已婚	120	No
No	离婚	95	Yes
No	已婚	60	No
Yes	离婚	220	No
No	单身	85	Yes
No	已婚	75	No
No	单身	90	Yes

利用西南财大数据挖掘系统我们得到对该数据的分类结果如表 9.4。这 10 个记录中被分错类的记录是（去年退税 = No，婚姻状况 = 单身，可征税收入 =70）。

表 9.4 逃税数据分类结果

	预测类 = No	预测类 = Yes	分类正确率（%）
实际类 = No	6	1	86
实际类 = Yes	0	3	100
总计			90

9.3 简单贝叶斯分类实例

在此我们使用的是以下虚拟的医生治疗某种疾病的数据。已知病人的性别、血压和年龄(连续变量),针对这种疾病选择两种治疗药物 A 或者 B。数据如表 9.5 所示。我们随机选择 75% 的数据作为训练数据、25% 的数据作为验证数据。在读入数据后点击有约束学习进入数据挖掘建模界面。采样和前几章介绍的数据划分步骤并放弃变量选择步骤,在数据挖掘建模界面的算法选择框中选择简单贝叶斯选项,点击“挖掘”按钮。弹出的简单贝叶斯分类界面显示,如图 9.2。

表 9.5　　某种疾病治疗用药数据

Sex	Age	Bloodpressure	Drug
male	20	normal	A
female	73	normal	B
female	37	high	A
male	33	low	B
female	48	high	A
male	29	normal	A
female	52	normal	B
male	42	low	B
male	61	normal	B
female	30	normal	A
female	26	low	B
male	54	high	A

在我们的数据集合里性别和血压是类别型输入变量、年龄是连续型输入变量。在输入完输出变量药物后,点击“分类代价”。因为我们假定两种药物的错误分类代价一样,所以不需要改变不对称分类代价的值。在其他的分类问题里,例如教科书(第 30 页)中的邮件销售问题中,输出结果有两个类别:购买者和非购买者。假定你发一个邮件给潜在的客户,如果客户购买产品,你的净利润是 10 元的销售利润 -0.8 元的邮票费 =9.2 元;否则你会赔 0.8 元的邮票费。把一个购买者错误分类到不购买者,你的错误代价是 9.2 元;把一个非购买者错误地分类到购买者,你的错误代价是 0.8 元的邮票费。

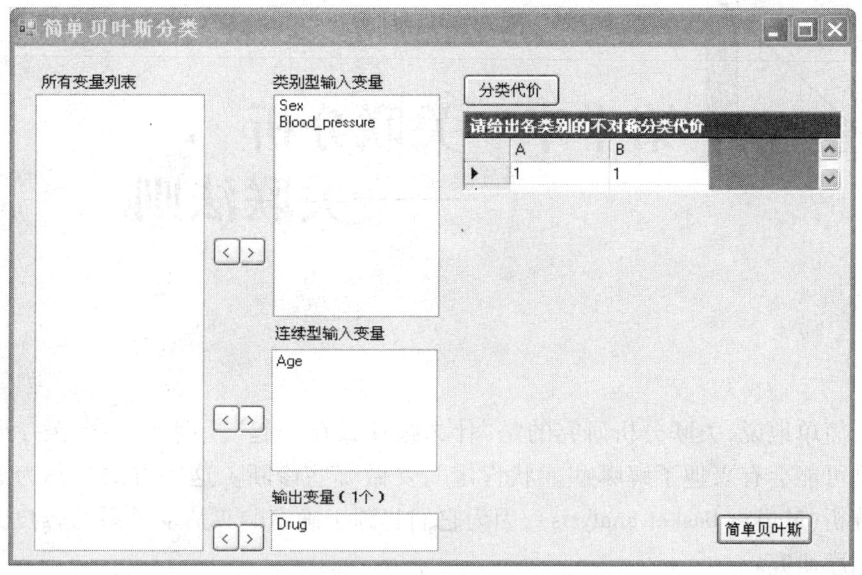

图 9.2　简单贝叶斯建模界面

点击“简单贝叶斯”得到分类界面如图 9.3。

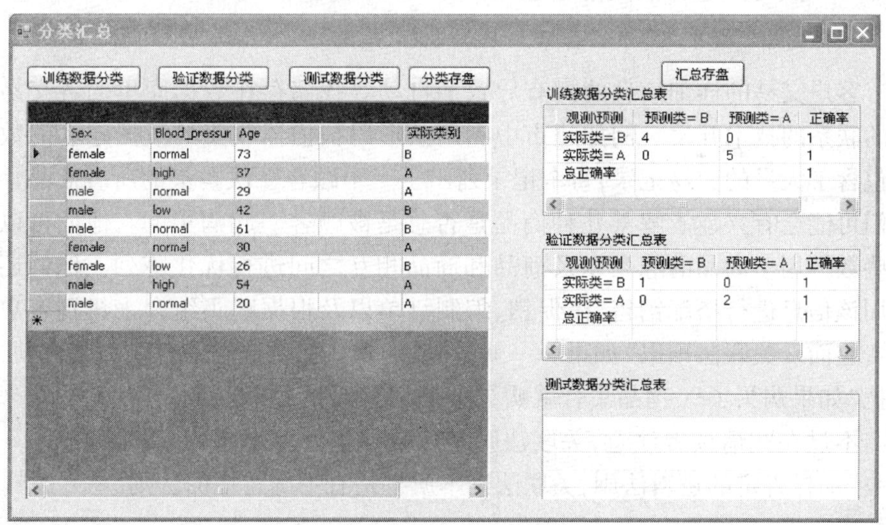

图 9.3　分类汇总

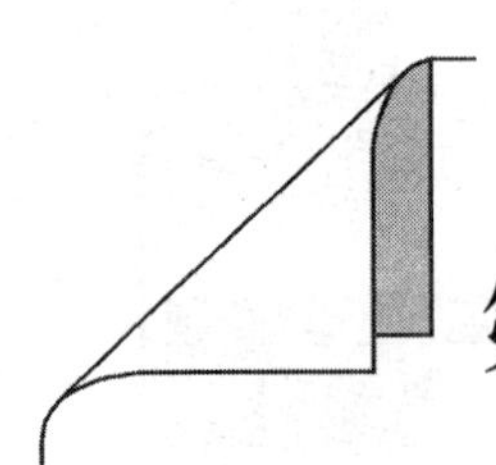

第十章　关联分析 ——关联法则

简单地说，关联分析研究的是“什么跟什么在一起”。例如，一个医疗研究人员可能会有兴趣了解哪些症状肯定需要做哪些诊断。这些方法又称为购物篮分析（Market basket analysis），因为它们起源于确定购买活动关系的客户交易数据库研究。

10.1　发现交易数据库里的关联法则

客户交易的详细信息的拥有导致了自动寻找储存在数据库里的各交易之间的联系的技术开发。例如超市中利用条形码扫描器收集的数据建立的数据库包含了大量的交易记录，每个记录列出了一个顾客一次购买的所有商品。经理们可能会有兴趣了解某几种商品是否总是被顾客一起购买的。他们可以将这些数据用于商品的陈列以及商品和商品相互之间进行优化陈列。他们还可以用该信息进行搭配销售、搞促销、编制订单以及根据购买组合来辨别客户的消费层面。关联法则以“如果……就……”的句式提供这类信息。为了方便，我们把“如果购买了 X 物品集合就购买 Y 物品集合的关联法则”用“ $X \rightarrow Y$ ”来表示。不过在此请读者注意，关联法则是从数据里计算出来的，不像如果……就……”那样肯定的逻辑法则，关联法则本质上是有不确定性的法则。

10.2　支持度和置信度

除了前提（“如果”部分）和结果（“就”部分），一个关联法则有两个数表达了关于法则不确定性的程度。在关联分析里，前提和结果都是物品的集合（称作物品集合），它们没有交集，即两个集合没有一个共有的物品。

第一个数被称作法则的支持度（在概率论领域，支持度指的是概率密度函数大于0的点集的闭包）。支持度是包括既在前提也在结果的所有物品的交易记录数量。（支持度有时被表达成数据库里记录总数的百分数。）

另一个数被称为该法则的置信度。置信度是包括既在前提也在结果的所有物品的交易数除以包括前提的所有物品的交易数。如果用统计语言来表述，$X \rightarrow Y$ 的置信度就是 $P(Y|X)$。例如，一超市数据库里有10万条交易记录，其中2000条交易记录包括A和B，这里面有800条交易记录还包括C，关联法则"逛一次店如果买了A和B那么还要买C"的支持度是800条记录，（或者0.8% = 800/100 000），置信度是40%（= 800/2000）。

注意：置信度这一概念和数理统计里置信区间以及置信水平里的置信度不同并且没有关系。你可以把支持度理解为从数据库里随机选择的一个交易将包括前提和结果里所有物品的概率，而置信度可以理解为随机选择的一个交易在假定它包括前提里所有物品的情况下将包括结果里的所有物品的条件概率。

例1：电器交易

电器大全零售店的经理想知道哪些物品是一起卖出的。他有表10.1的交易数据库。

表10.1　　电器零售店交易数据库

交易序号	商品代码			
1	1	2	5	
2	2	4		
3	2	3		
4	1	2	4	
5	1	3		
6	2	3		
7	1	3		
8	1	2	3	5
9	1	2	3	

这儿有9笔交易。每一次交易都有一个一次所买所有物品的记录。交易1在结账台购买的物品有1，2和5。交易2在结账台购买的物品有2和4等。假如我们想要该数据库里支持度至少是2（等价的百分数支持度是2/9 = 22%）的物品集合之间的关联法则，通过枚举我们可以发现所有的支持度至少为2的物品集合。

{1}的支持度为6；

{2}的支持度为7；

{3}的支持度为6；

{4}的支持度为2;

{5}的支持度为2;

{1,2}的支持度为4;

{1,3}的支持度为4;

{1,5}的支持度为2;

{2,3}的支持度为4;

{2,4}的支持度为2;

{2,5}的支持度为2;

{1,2,3}的支持度为2;

{1,2,5}的支持度为2。

注意一旦我们创建了所需支持度的全部物品集列表,就可通过检查每一个物品集合的所有子集来计算出满足期望的置信度的法则来。因为每一个集合的子集必须至少发生得和该集合一样频繁,所以每一个子集也在这个列表上。然后计算置信度(即物品集合的支持度和该物品集合里每一个子集的支持度的比率),这是直来直去的工作。只有在这一比率大于所期望的置信度阈值时我们才保留对应的关联法则。例如从物品集合{1,2,5}我们得到如下的关联法则:

{1, 2}⇒{5} 的置信度 = {1, 2, 5}的支持度除以{1, 2}的支持度 = 2/4 = 50%;

{1, 5}⇒{2} 的置信度 = {1, 2, 5}的支持度除以{1, 5}的支持度 = 2/2 = 100%;

{2, 5}⇒{1} 的置信度 = {1, 2, 5}的支持度除以{2, 5}的支持度 = 2/2 = 100%;

{1}⇒{2, 5} 的置信度 = {1, 2, 5}的支持度除以{1}的支持度 = 2/6 = 33%;

{2}⇒{1, 5} 的置信度 = {1, 2, 5}的支持度除以{2}的支持度 = 2/7 = 29%;

{5}⇒{1, 2} 的置信度 = {1, 2, 5}的支持度除以{5}的支持度 = 2/2 = 100%。

如果要求的置信度阈值是70%,我们会只报告第2,3条法则和最后一个法则。

从以上的例子我们可以看出,产生满足规定支持度和置信度要求的所有关联法则的问题可分解为一下两个阶段:首先我们找出所有的满足支持度要求的物品集合(这些集合经常被称作常出现的或者“大”物品集合);然后从每一个物品集合里找出满足置信度需求的关联法则。对于大多数关联分析数据,计算量是第一阶段的挑战。

10.3 增益和重要性

增益是两种可能性的比较，一种是在已知购买了前提部分商品(X)情况下购买结果部分商品(Y)的可能性，另一种是任意情况下购买结果商品的可能性。从 $X \to Y$ 的关联法则的增益率被定义为

$$lift(X \to Y) = P(Y \mid X)/P(Y)$$

即该法则的置信度值除以假设前提和结果独立情况下的置信度值。

重要性也是两种可能性的比较，一种是在已知购买了前提部分商品(X)情况下购买结果部分商品(Y)的可能性，另一种是已知不购买前提部分商品(X)情况下购买结果部分商品(Y)的可能性。从 $X \to Y$ 的关联法则的重要性定义为

$$\mathrm{Im}(X \to Y) = \log \frac{P(Y \mid X)}{P(Y \sim X)}$$

从增益和重要性的定义我们知道它们与支持度和置信度在描述关联法则时基本上是等价。仅有这些指标来判定关联法则是否有价值还有所欠缺。为此我们还需要了解关联法则更多的属性。

10.4 相关系数和负关联法则

在统计学里对于两个变量 X 和 Y，其相关系数的定义为

$$\rho = \frac{Cov(X,Y)}{\sigma_X \sigma_Y}$$

如果 X 和 Y 是两个二元变量，在此我们假定只取 0 和 1 两个值。f_{11}是 X 和 Y 都等于 1 的频数；类似地，f_{10} 是 X = 1 并且 Y = 0 的频数；f_{1+} 是 X = 1 的频数；等等。变量 X 和 Y 的相关系数定义为

$$\varphi = \frac{f_{11}f_{00} - f_{10}f_{01}}{\sqrt{f_{+0}f_{+1}f_{1+}f_{0+}}}。$$

有兴趣的读者可以验证这个定义和前面的相关系数定义是一致的。

在关联分析所考虑的交易数据集合里，假定 X 和 Y 表示两种物品。关于 X 和 Y 关系的数据汇总在表 10.2 里。其中 $X - \bar{X}$ 表示不购买 X，$Y - \bar{Y}$ 表示不购买 Y。f 的含义和前一段相同。因此我们可以使用二元变量的相关系数公式计算。

表 10.2　　X 和 Y 的联合分布

	Y	Y－$\bar{Y}$	合计
X	f_{11}	f_{10}	f_{1+}
X－$\bar{X}$	f_{01}	f_{00}	f_{0+}
合计	f_{+1}	f_{+0}	N

对于一个关联法则的物品集 X 和 Y，如果其相关系数大于 0.5，我们会认为这个关联法则非常显著；如果其相关系数在 0.3 和 0.5 之间，我们会认为这个关联法则显著性一般；如果其相关系数在 0.1 和 0.3 之间，我们会认为这个关联法则显著性太小；如果小于 0.1，关联法则可以认为没有显著性。

例 2：茶叶店数据

表 10.3 收集的是一家茶叶店对 100 个顾客的关于两种茶叶的交易数据。

表 10.3　　绿茶和花茶数据

	绿茶	无绿茶	总计
花茶	20	60	80
无花茶	20	0	20
总计	40	60	100

对于"绿茶→花茶"的关联法则其支持度是 20%，其可信度是 50%。这应该是一个很吸引人的关系。但是考虑到前提和结果的相关系数 $\varphi=-0.61$，这两种商品的销售数量一个增加时另一个会减少。这种关联法则被称为负关联法则。

10.5　先验算法

尽管人们建议了好多种产生关联法则的算法，但经典算法仍然是 Agrawal 和 Srikant (1993)提出的先验算法。该算法的关键思想是先产生只有一件物品的常出现的物品集合，然后递归到有两件物品的常出现物品集合，再后产生有三件物品的常出现物品集合，把这个过程持续下去，直到我们已经产生了所有大小的常出现物品集合。不失一般性，我们将用一个正整数为每一个物品集合作标记，并且在每一个物品集合里的物品按其物品号以升序排列。前面的例子解释了这段话。我们提到计算中的一个物品实际上是用这个物品号作代替。

生成常出现的只有一个物品的集合是容易的。我们所需要做的就是对每一件物品,数一下在数据库里包括该物品的交易数。这些交易数就是只有一件物品集合的支持度。我们扔掉那些支持度小于要求阈值的只有一件物品的集合就产生了一列常出现的只有一件物品的集合。

对于 k=2,3,…,从 k-1 个物品的集合获得 k 个物品的集合的一般步骤如下。通过进行两个含 k-1 个物品的集合的合并操作,我们可以列出所有可能的 k 个物品集合的一个列表。一对集合的合并只有当这两个集合的前 k-2 个物品相同时才能进行。如果这一条件满足了,这两个集合的并是一个包括了共有的 k-2 个物品和另外 2 个不共有的物品。所有常出现的 k 个物品的集合肯定在这个列表里,因为常出现的 k 个物品的集合的子集一定是常出现的 k-1 个物品的集合。然而,在这个列表里的一些 k 个物品的集合可能不是常出现的。我们需要删除掉这些集合以建立常出现的 k 个物品的集合的列表。为了挑选出这些不常出现的 k 个物品的集合,我们要检查每一个集合的所有 k-1 个物品的子集合。注意,我们只需要检查包括该 k 个物品的集合的最后两个物品的 k-1 个物品的子集合即可。如果这样的 k-1 个物品的子集合不存在于常出现的 k-1 个物品的集合的列表里,我们知道该 k 个物品的集合不是一个常出现的物品集合,因此我们把它从所有的 k 个物品的集合的列表删除掉。以这种方式处理列表上的每一个物品集合,我们可以保证到最后该列表被删减到只剩下常出现的 k 个物品的集合。K 每增加 1 重复一次这个过程,当列表为空时我们就停止。

该算法效率的关键是候选列表和常出现物品集列表的数据结构。Hash 树曾被用于最初的算法,但目前已经有几种改进这一数据结构的建议。也有几种其他的算法在实用中比先验算法快。

例 3:图书数据

表 10.4 的数据来自意大利一图书俱乐部。每一行代表一个顾客的买书记录,共 200 行;每一列代表的一种书籍的购买情况。如果某一个单元格的值是 1,该行的顾客购买了这本书;如果是 0,顾客没有购买这本书。(目前我们的软件只能处理这种格式,等读者实际拥有这本书时,数据格式已做了新的处理会更加灵活。)

表 10.4　　图书俱乐部数据

ChildBks	YouthBks	CookBks	DoItYBks	RefBks	ArtBks	GeogBks	ItalCook	ItalAtlas	ItalArt	Florence
1	1	1	0	0	0	0	0	0	0	0
1	1	0	0	0	0	1	0	0	0	0
0	0	1	1	0	0	1	1	0	0	0
0	0	1	0	0	0	0	0	0	0	0
1	0	0	0	0	0	0	0	0	0	0
0	0	0	1	0	0	0	0	0	0	0
0	0	1	0	0	0	0	0	0	0	0
0	0	0	1	0	0	0	0	0	0	0
1	1	0	0	0	0	0	0	0	0	0
1	1	1	1	0	0	1	0	0	0	0
0	0	1	0	0	0	0	0	0	0	1
1	0	1	1	1	0	1	0	0	0	0
0	0	0	0	0	0	0	0	0	0	0
0	0	0	0	0	1	0	0	0	0	0
1	1	1	1	0	1	1	0	0	0	0
0	0	1	0	0	0	0	0	0	0	0
1	1	1	0	1	0	1	0	0	0	0
0	0	0	0	0	0	0	0	0	0	0
0	1	0	0	0	1	0	0	0	0	0
1	0	0	0	0	0	0	0	0	0	0
1	1	1	1	1	1	0	1	1	1	0
0	0	0	0	0	0	0	0	0	0	0
0	0	0	0	0	0	0	0	0	0	0

在读入数据集合后，点击西南财大数据挖掘系统的“无约束学习”菜单，选择其中的“关联分析”选项，关联分析界面会弹出，如图 10.1。

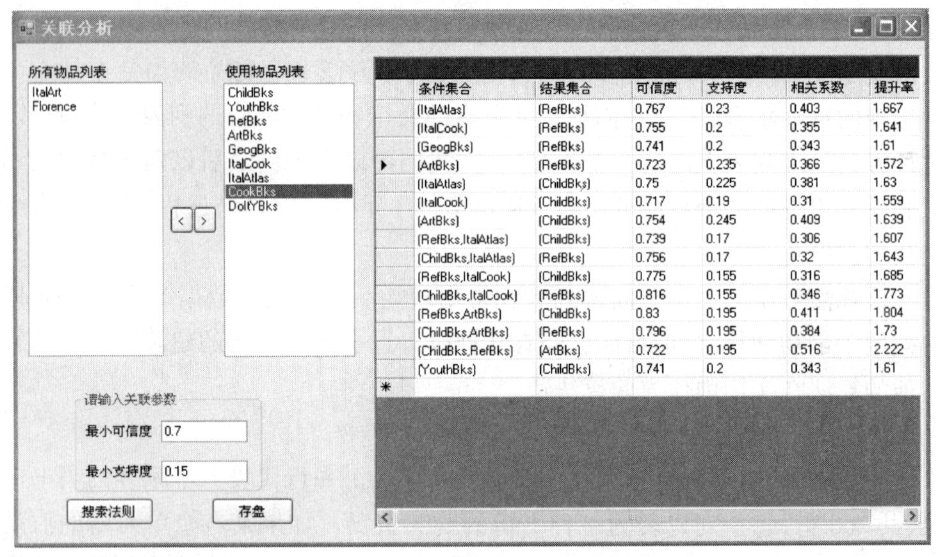

条件集合	结果集合	可信度	支持度	相关系数	提升率
{ItalAtlas}	{RefBks}	0.767	0.23	0.403	1.667
{ItalCook}	{RefBks}	0.755	0.2	0.355	1.641
{GeogBks}	{RefBks}	0.741	0.2	0.343	1.61
{ArtBks}	{RefBks}	0.723	0.235	0.366	1.572
{ItalAtlas}	{ChildBks}	0.75	0.225	0.381	1.63
{ItalCook}	{ChildBks}	0.717	0.19	0.31	1.559
{ArtBks}	{ChildBks}	0.754	0.245	0.409	1.639
{RefBks,ItalAtlas}	{ChildBks}	0.739	0.17	0.306	1.607
{ChildBks,ItalAtlas}	{RefBks}	0.756	0.17	0.32	1.643
{RefBks,ItalCook}	{ChildBks}	0.775	0.155	0.316	1.685
{ChildBks,ItalCook}	{RefBks}	0.816	0.155	0.346	1.773
{RefBks,ArtBks}	{ChildBks}	0.83	0.195	0.411	1.804
{ChildBks,ArtBks}	{RefBks}	0.796	0.195	0.384	1.73
{ChildBks,RefBks}	{ArtBks}	0.722	0.195	0.516	2.222
{YouthBks}	{ChildBks}	0.741	0.2	0.343	1.61

图 10.1　关联分析界面

等关联分析界面出现后，首先选择你将使用的物品列表，然后在关联参数框输入最小支持度和最小可信度。我们软件的最小支持度指的是相对频数。因此最小可信度和最小支持度的合理输入数据范围是(0,1)的正小数。点击下面的“搜索法则”，满足最小支持度和最小可信度条件的关联法则显示在界面右端的数据表格里。

置信度高表示很强的关联程度。然而这可能会误导人，因为如果前提和

(或)结果都有高的支持度,我们可能会有一高的置信度值即使它们相互独立。(如果几乎所有的客户都买啤酒,几乎所有的客户都买冰激凌,不管它们之间是否有关联关系,置信度水平都将是高的)。

判断一个关联法则的关联程度强弱的方法是比较法则的置信度值和基准值。在此我们假设对每一个法则,交易里的结果的发生和前提的发生是独立的。我们可以从该常发生物品集合的频度数计算出这一基准值。一个法则的置信度基准值是结果的支持度除以该数据库的交易数。这可以让我们计算一个法则的增益率。增益率是该法则的置信度值除以假设前提和结果独立情况下的置信度值。大于1的增益率说明该法则有一些使用价值。增益率越大,关联程度越强。(提升比率小于1是什么情形?)

10.6 缺点

关联法则并不像人们希望的那样有大量的实际用途。一个主要的缺点是它的支持度和置信度结构经常产生太多的法则。另一个缺点是大多数法则太明显。像“星期五晚上尿布和啤酒一起买”的类似的著名例子非常少见。在进行关联分析时需要技巧。

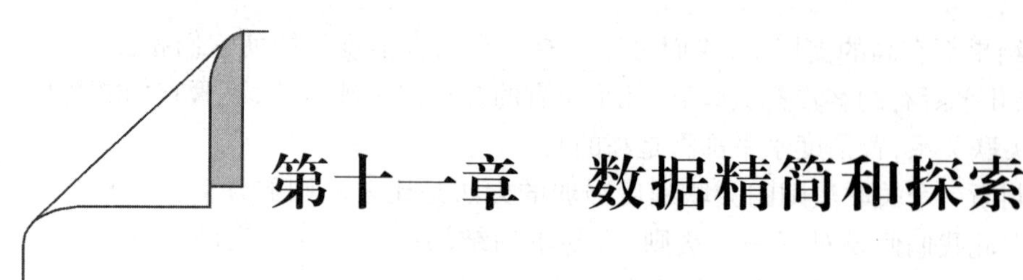

第十一章 数据精简和探索

11.1 降维——主成分分析

在数据挖掘中经常碰到的情况是数据库中有很多的变量。在这种情况下，一些变量之间很可能高度相关。包含了高度相关变量或与感兴趣的结果无关的变量的情况，在分类或预测模型中会导致过分拟合，并且精度和可靠性会下降。大量的变量也给模型带来计算上的困难。在使用模型时，过多的变量还会增加收集和处理这些变量的成本。

为此目的的一个有用步骤是对输入变量进行"主要成分"的分析。当我们有几个变量的数值变化范围近似并且紧密相关时主成分分析极为重要。经过主成分分析之后，由原始变量的线性组合构成的几个变量就基本上可以解释所有原始数据的信息。

11.2 成年长子的头部测量数值

表 11.1 给出了一个样本里 25 个成年长子的头部测量数据（Elston 和 Grizzle, 1962）。在这个数据中，变量 x_1 和 x_2 的均值分别是 185.7 和 151.7，协方差矩阵为 $S = \begin{bmatrix} 95.29 & 52.87 \\ 52.87 & 54.36 \end{bmatrix}$。

表 11.1 **成年长子的头部测量数值**

成年长子	
头长（ x_1 ）	头宽（ x_2 ）
191	155
195	149

表 11.1(续)

成年长子	
头长(x_1)	头宽(x_2)
181	148
183	153
176	144
208	157
189	150
197	159
188	152
192	150
179	158
183	147
174	150
190	159
188	151
163	137
195	155
186	153
181	145
175	140
192	154
174	143
176	139
197	167
190	163

11.3 主成分

图 11.1 是(x_1 , x_2)的散点图。以 x_1 和 x_2 的均值为中心的坐标轴 z_1 和 z_2 标明了主成分的方向。坐标轴 z_1 是数据的第一主成分的方向。如果我们决定将数据的维数从 2 降到 1,这条线代表的是数据的主要变化方向。在所有可能的直线中,如果我们把所有数据点都垂直投影到直线上得到 25 个一维数值,那么在所有这些直线里面 z_1 线上的投影数值的方差将最大。另外,所有点到这条线的垂直距离的平方和最小, z_2 轴垂直于 z_1 轴。

轴的方向是 S 的特征向量的方向。在我们的例子中,特征值是 131.5 和

18.14。大的那个特征值对应的特征向量是(0.825,0.565),这是 z_1 轴的方向。小的那个特征值对应的特征向量是(-0.565,0.825),这是 z_2 轴的方向。

椭圆的半长轴和半短轴的长度是特征值的平方根,它包含了大约65%的数据点(假设这些点服从二维正态分布)。这里对应的法则是联合正态分布中有65%的数据在均值的一个标准差范围内。类似地,椭圆的轴长翻倍后,将包含95%的数据,扩大到3倍的话,将包含99%的数据。在我们的例子中,半长轴的长度是 $\sqrt{131.5}=11.47$,半短轴的长度是 $\sqrt{18.14}=4.26$。在图11.1中的小椭圆的半轴长分别是11.47和4.26,大椭圆的半轴长是小椭圆的两倍。

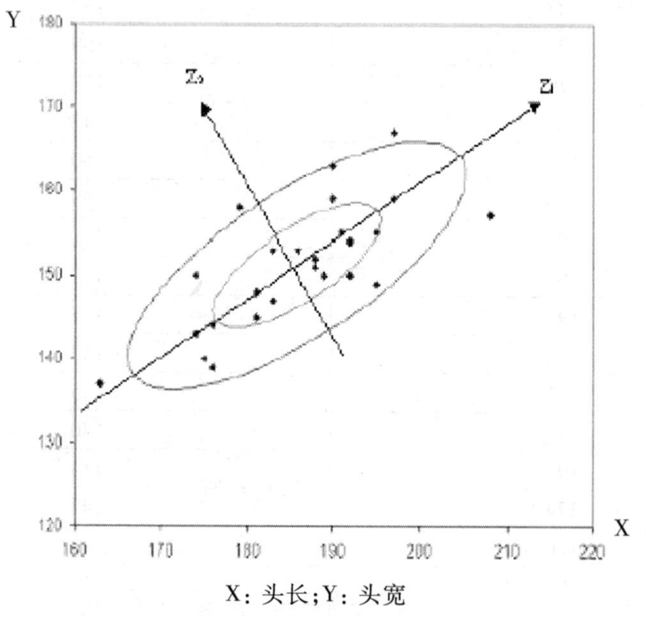

X:头长;Y:头宽

图11.1 成年长子的头部测量数据散点图

由观测数据转化的 z_1 和 z_2 值被称为主成分数,如表11.2所示。主成分数是通过计算数据点和第一、第二特征向量(按特征值降序排列)内积得到的。

第一个主成分 z_1 的方差占所有变化量的88%。

表11.2 **头部测量数值的主成分数**

主成分数		
观测序号	z_1	z_2
1	6.549	0.216
2	6.457	-6.994
3	-5.657	0.094
4	-1.181	3.088

表 11.2(续)

主成分数		
观测序号	z_1	z_2
5	-12.043	-0.379
6	21.703	-7.743
7	2.073	-2.778
8	13.759	0.125
9	2.378	-0.563
10	4.547	-4.474
11	-1.655	9.474
12	-4.573	-41.861
13	-10.301	5.701
14	7.985	4.081
15	1.813	-1.388
16	-26.724	1.194
17	9.848	-2.045
18	1.294	1.393
19	-7.353	-2.381
20	-15.129	-3.114
21	6.808	-1.174
22	-14.258	-0.074
23	-14.869	-4.504
24	18.281	6.724
25	10.246	7.381

z_1 和 z_2 的均值都为0。因为我们选定(z_1, z_2)坐标系的原点是 x_1 和 x_2 的均值。方差比较有趣,z_1 和 z_2 的方差分别是 131.5 和 18.14。第一主成分 z_1 占总方差的 88% 。因为它代表了数据总变化量的大多数,所以用第一个主成分数来代表原始数据中的两个变量是比较合理的。

11.4 葡萄酒的特征

表 11.3 中的数据是对某地区 60 种葡萄酒的 13 个特征的测度。让我们来看看如何用主成分分析来减少数据的维数。

表 11.3　　60 种葡萄酒的特征数据

酒精	苹果酸	灰分	灰碱度	镁	全酚	类黄酮酚	非类黄酮酚	类花青苷	色强	色彩	OD315/OD280	脯氨酸
14.23	1.71	2.43	15.6	127	2.8	3.06	0.28	2.29	5.64	1.04	3.92	1065
13.2	1.78	2.14	11.2	100	2.65	2.76	0.26	1.28	4.38	1.05	3.4	1050
13.16	2.36	2.67	18.6	101	2.8	3.24	0.3	2.81	5.68	1.03	3.17	1185
14.37	1.95	2.5	16.8	113	3.85	3.49	0.24	2.18	7.8	0.86	3.45	1480
13.24	2.59	2.87	21	118	2.8	2.69	0.39	1.82	4.32	1.04	2.93	785
14.83	1.64	2.17	14	97	2.8	2.98	0.29	1.98	5.2	1.08	2.85	1045
13.86	1.35	2.27	16	98	2.98	3.15	0.22	1.85	7.22	1.01	3.55	1045
14.1	2.16	2.3	18	105	2.95	3.32	0.22	2.38	5.75	1.25	3.17	1510
14.12	1.48	2.32	16.8	95	2.2	2.43	0.26	1.57	5	1.17	2.82	1280
13.75	1.73	2.41	16	89	2.6	2.76	0.29	1.81	5.6	1.15	2.9	1320
14.75	1.73	2.39	11.4	91	3.1	3.69	0.43	2.81	5.4	1.25	2.73	1150
14.38	1.87	2.38	12	102	3.3	3.64	0.29	2.96	7.5	1.2	3	1547
13.63	1.81	2.7	17.2	112	2.85	2.91	0.3	1.46	7.3	1.28	2.88	1910
14.3	1.92	2.72	20	120	2.8	3.14	0.33	1.97	6.2	1.07	2.65	1280
13.83	1.57	2.62	20	115	2.95	3.4	0.4	1.72	6.6	1.13	2.57	1130
14.19	1.59	2.48	16.5	108	3.3	3.93	0.32	1.86	8.7	1.23	2.82	1680
12.37	0.94	1.36	10.6	88	1.98	0.57	0.28	0.42	1.95	1.05	1.82	520
12.33	1.1	2.28	16	101	2.05	1.09	0.63	0.41	3.27	1.25	1.67	680
12.64	1.36	2.02	16.8	100	2.02	1.41	0.53	0.62	5.75	0.98	1.59	450
13.67	1.25	1.92	18	94	2.1	1.79	0.32	0.73	3.8	1.23	2.46	630
12.37	1.13	2.16	19	87	3.5	3.1	0.19	1.87	4.45	1.22	2.87	420
12.17	1.45	2.53	19	104	1.89	1.75	0.45	1.03	2.95	1.45	2.23	355
12.37	1.21	2.56	18.1	98	2.42	2.65	0.37	2.08	4.6	1.19	2.3	678
13.11	1.01	1.7	15	78	2.98	3.18	0.26	2.28	5.3	1.12	3.18	502
12.37	1.17	1.92	19.6	78	2.11	2	0.27	1.04	4.68	1.12	3.48	510
13.34	0.94	2.36	17	110	2.53	1.3	0.55	0.42	3.17	1.02	1.93	750
12.21	1.19	1.75	16.8	151	1.85	1.28	0.14	2.5	2.85	1.28	3.07	718
12.29	1.61	2.21	20.4	103	1.1	1.02	0.37	1.46	3.05	0.91	1.82	870
13.86	1.51	2.67	25	86	2.95	2.86	0.21	1.87	3.38	1.36	3.16	410
13.49	1.66	2.24	24	87	1.88	1.84	0.27	1.03	3.74	0.98	2.78	472
12.99	1.67	2.6	30	139	3.3	2.89	0.21	1.96	3.35	1.31	3.5	985
11.96	1.09	2.3	21	101	3.38	2.14	0.13	1.65	3.21	0.99	3.13	886
11.66	1.88	1.92	16	97	1.61	1.57	0.34	1.15	3.8	1.23	2.14	428
13.03	0.9	1.71	16	86	1.95	2.03	0.24	1.46	4.6	1.19	2.48	392
11.84	2.89	2.23	18	112	1.72	1.32	0.43	0.95	2.65	0.96	2.52	500

表 11.3(续)

酒精	苹果酸	灰分	灰碱度	镁	全酚	类黄酮酚	非类黄酮酚	类花青苷	色强	色彩	OD315/OD280	脯氨酸
12. 33	0. 99	1. 95	14. 8	136	1. 9	1. 85	0. 35	2. 76	3. 4	1. 06	2. 31	750
12. 86	1. 35	2. 32	18	122	1. 51	1. 25	0. 21	0. 94	4. 1	0. 76	1. 29	630
12. 88	2. 99	2. 4	20	104	1. 3	1. 22	0. 24	0. 83	5. 4	0. 74	1. 42	530
12. 81	2. 31	2. 4	24	98	1. 15	1. 09	0. 27	0. 83	5. 7	0. 66	1. 36	560
12. 7	3. 55	2. 36	21. 5	106	1. 7	1. 2	0. 17	0. 84	5	0. 78	1. 29	600
12. 51	1. 24	2. 25	17. 5	85	2	0. 58	0. 6	1. 25	5. 45	0. 75	1. 51	650
12. 6	2. 46	2. 2	18. 5	94	1. 62	0. 66	0. 63	0. 94	7. 1	0. 73	1. 58	695
12. 25	4. 72	2. 54	21	89	1. 38	0. 47	0. 53	0. 8	3. 85	0. 75	1. 27	720
12. 53	5. 51	2. 64	25	96	1. 79	0. 6	0. 63	1. 1	5	0. 82	1. 69	515
13. 49	3. 59	2. 19	19. 5	88	1. 62	0. 48	0. 58	0. 88	5. 7	0. 81	1. 82	580
12. 84	2. 96	2. 61	24	101	2. 32	0. 6	0. 53	0. 81	4. 92	0. 89	2. 15	590
12. 93	2. 81	2. 7	21	96	1. 54	0. 5	0. 53	0. 75	4. 6	0. 77	2. 31	600
13. 36	2. 56	2. 35	20	89	1. 4	0. 5	0. 37	0. 64	5. 6	0. 7	2. 47	780
13. 52	3. 17	2. 72	23. 5	97	1. 55	0. 52	0. 5	0. 55	4. 35	0. 89	2. 06	520
13. 62	4. 95	2. 35	20	92	2	0. 8	0. 47	1. 02	4. 4	0. 91	2. 05	550
12. 25	3. 88	2. 2	18. 5	112	1. 38	0. 78	0. 29	1. 14	8. 21	0. 65	2	855
13. 16	3. 57	2. 15	21	102	1. 5	0. 55	0. 43	1. 3	4	0. 6	1. 68	830
13. 88	5. 04	2. 23	20	80	0. 98	0. 34	0. 4	0. 68	4. 9	0. 58	1. 33	415
12. 87	4. 61	2. 48	21. 5	86	1. 7	0. 65	0. 47	0. 86	7. 65	0. 54	1. 86	625
13. 32	3. 24	2. 38	21. 5	92	1. 93	0. 76	0. 45	1. 25	8. 42	0. 55	1. 62	650
13. 08	3. 9	2. 36	21. 5	113	1. 41	1. 39	0. 34	1. 14	9. 4	0. 57	1. 33	550

运行主成分分析的结果如表 11. 4 所示。表 11. 4 的行和表 11. 3 的列是一样的顺序。例如,每个主成分的第 1 行是酒精的权重,第 13 行是脯氨酸的权重。

注意,前 5 个主成分包含了 13 个原始变量的 80% 以上的总方差。这表明我们用了不到原始维数的一半就能提取绝大多数的信息。主成分和原始数据相比,还有一个优点是它们互不相关(相关系数等于 0)。如果我们使用主成分作为解释变量来建立回归模型,就不会有多重共线性的问题。

表 11. 4　　葡萄酒数据的主成分分析

主成分												
1	2	3	4	5	6	7	8	9	10	11	12	13
0. 247	0. 343	-0. 245	0. 166	0. 044	-0. 624	0. 122	-0. 394	0. 400	0. 037	-0. 064	-0. 041	-0. 077
-0. 255	0. 402	0. 020	-0. 065	0. 144	-0. 182	-0. 598	0. 152	-0. 087	-0. 522	-0. 222	0. 037	0. 061

表 11.4(续)

主成分												
1	2	3	4	5	6	7	8	9	10	11	12	13
0.045	0.488	0.417	0.291	-0.155	0.014	0.099	-0.064	-0.498	0.118	0.128	-0.454	-0.189
-0.187	0.213	0.588	0.156	0.392	0.104	0.147	-0.100	0.279	0.107	0.070	0.493	0.124
0.138	0.023	0.485	-0.620	-0.440	-0.102	0.098	0.002	0.301	-0.153	-0.122	-0.127	0.040
0.376	0.053	0.045	0.241	0.022	0.259	0.034	0.270	0.135	0.051	-0.745	0.048	-0.275
0.409	0.044	0.003	0.091	0.085	0.177	0.025	-0.191	-0.117	-0.147	-0.110	-0.142	0.824
-0.243	0.168	-0.112	0.402	-0.669	0.207	-0.182	0.085	0.363	0.106	0.086	0.106	0.217
0.349	0.044	0.043	-0.184	0.040	0.263	-0.660	-0.374	0.053	0.364	0.154	0.068	-0.178
0.076	0.477	-0.338	-0.242	0.122	0.529	0.288	0.002	0.197	-0.294	0.250	-0.034	-0.167
0.295	-0.306	0.172	0.335	-0.181	0.037	-0.011	-0.249	-0.052	-0.638	0.221	0.225	-0.267
0.364	-0.045	0.111	0.133	0.198	-0.156	-0.159	0.647	0.304	0.009	0.436	-0.209	0.042
0.323	0.281	-0.111	-0.157	-0.250	-0.200	0.090	0.264	-0.415	0.125	0.102	0.631	0.056
5.444	2.327	1.370	0.972	0.808	0.491	0.427	0.287	0.249	0.226	0.185	0.166	0.047
41.876%	17.900%	10.540%	7.477%	6.218%	3.775%	3.287%	2.207%	1.917%	1.742%	1.420%	1.281%	0.361%
41.876%	59.776%	70.316%	77.793%	84.011%	87.785%	91.072%	93.279%	95.196%	96.939%	98.358%	99.639%	100.000%

11.5 数据标准化

表 11.4 所示的主成分的计算是先用方差为 1 的标准化变量代替原始变量。具体做法是将每个变量除以各自的方差(有时也要减去均值)。标准化的作用是让所有的变量在方差上有相同的权重。

什么时候我们需要标准化数据呢?这依赖于数据的性质。当所有变量的测量单位(例如美元)都相同,并且它们的大小反映其重要性(飞机燃料的销售额,加热油的销售额)时,可能最好是不标准化。如果变量是用不同的单位测量的,因此很难比较不同变量的变化大小(例如,对某些变量是美元,对其他的是百万分之几);或者,变量是用相同的单位测量的,但大小不反映重要性(例如,每股收益,总收入),通常是要标准化的。标准化的好处是,测量单位的变化并不改变主成分的权重。在极少数情况下,我们能够给出变量的相对权重。这时,在做主成分分析之前要把标准化了的变量乘以这些相对权重。

标准化对例 2 的数据来说是很重要的,这是由于变量的异质性。对原始(非标准化)数据计算的前 5 个主成分如表 11.5 所示。注意,第一个主成分主要由脯氨酸变量组成,而且它解释了数据中绝大部分的方差。这是因为脯氨酸的标准差是 351,而次大的是镁变量的标准差 15。第二个主成分是镁。其他所有变量的标准差大约是脯氨酸的 1%。

表 11.5　　　　　　　　对原始数据的主成分分析

主成分						标准差
	1	2	3	4	5	
酒精	0.001	0.013	0.014	-0.030	0.129	0.8
苹果酸	-0.001	0.009	0.167	-0.427	-0.402	1.2
灰分	0.000	-0.002	0.054	-0.009	0.006	0.3
灰碱度	-0.004	-0.045	0.976	0.176	0.060	3.6
镁	0.014	-0.998	-0.040	-0.031	0.006	14.7
全酚	0.001	0.002	-0.015	0.164	0.316	0.7
类黄酮酚	0.002	0.000	-0.049	0.214	0.545	1.1
非类黄酮酚	0.000	0.002	0.004	-0.025	-0.040	0.1
类花青苷	0.001	-0.007	-0.031	0.082	0.244	0.7
颜色强度	0.002	0.022	0.097	-0.804	0.536	1.6
色彩	0.000	-0.002	-0.021	0.096	0.064	0.2
OD280/OD315	0.001	-0.002	-0.022	0.220	0.261	0.7
脯氨酸	1.000	0.014	0.004	0.001	-0.004	351.5
方差	123594.453	194.345	11.424	2.388	1.391	
占总方差的%数	99.830%	0.157%	0.009%	0.002%	0.001%	
累积方差	99.830%	99.987%	99.996%	99.998%	99.999%	

对这个数据集合来说,未进行标准化的主成分分析毫无意义。前四个主成分是数据中有最大方差的四个变量,几乎包含了数据总方差的 100%。

11.6　主成分和正交最小二乘

主成分分析计算出的权重有另外一个有趣的解释。假设我们想用一个线性表面(2 维空间的一条直线或者 3 维空间的一个平面)拟合数据点,我们的目的是最小化误差的平方和。在此误差指的是点到拟合线性表面的垂直距离。第一个主成分的权重将定义使得该误差和最小的最佳线性平面。第一主成分的方差,表示为数据的总方差的百分比,是拟合的线性表面所能解释的方差的比例,类似于多元线性回归中的 R^2。

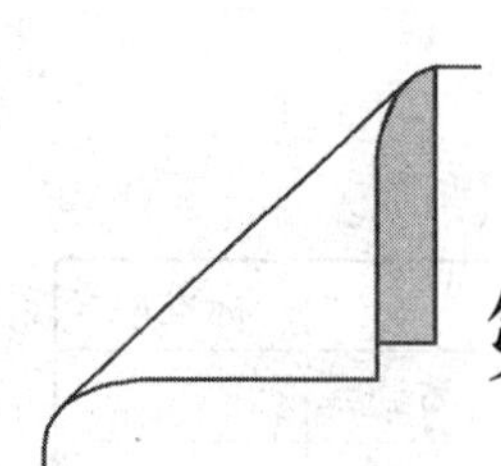

第十二章　聚类分析

12.1　什么是聚类分析

聚类分析(Cluster Analysis)的目的是根据对象几种属性的测量值组成相似对象的几个集合。关键的思想是把数据以一种有利于进行分析的方式归类。这种思想已经用于很多领域,包括天文、考古、医学、化学、教育、心理学、语言学和社会学。在生物学上,生物学家使用类和子类为物种归类;在化学上聚类分析引人注目的成功应用是门捷列夫元素周期表;在营销领域和政治预测领域,使用邮政编码对居民进行聚类分析成功地把美国人按生活方式划分成了许多群体。

Claritas 公司是美国使用聚类分析的先驱。它使用消费开支和人口普查的测量数据把居民划分为 40 个群体。通过认真研究这些群体,Claritas 为它们起了有意义的名字,例如“波希米亚混血”,“皮毛和马车”,“金钱和大脑”,等等,体现其最重要的生活方式的名字。关于生活方式的知识可被用于估计对某些产品的潜在需求例如运动休闲车(SUV)或者对服务的需求例如游乐艇航行等。

本章的目的是帮助大家理解聚类分析最常用的一些技术的关键思想,和了解它们的优点和不足。我们不能把所有的方法都在此介绍,因为大约有数百种之多(甚至有一本关于聚类的专门杂志《The Journal of Classification》)。

通常,用于分类的基本数据是几个变量的观测数值表,在此每一列代表一个变量,每一行代表一个记录。我们的目的是组成记录的群体以便相似的记录都在同一个群体里。群体的数量可以设定或者由数据决定。

12.2　电力公司数据

表 12.1 列出了 22 家美国电力公司的企业数据。我们感兴趣的是将相似

的公司进行分组，聚类的目标是电力公司。每一电力公司有 8 个测量数值，这些测量值对应变量的描述列于表 12. 2。聚类分析有用的一个例子是预测放宽原材料使用限制对成本影响的研究。为了作这个分析研究，经济学家需要针对所有公司建立适用的详细的成本分析模型。如果我们能够把相似的公司归成一类，只要对每一个类里的一个典型公司建立详细的成本模型，然后放大这些模型即可估计所有公司的总成本，这样就会节省大量的时间和工作。在这个聚类问题上被分类的对象是电力公司。

表 12. 1　　电力公司数据

No.	电力公司	X1	X2	X3	X4	X5	X6	X7	X8
1	Arizona Public Service	1. 06	9. 2	151	54. 4	1. 6	9077	0	0. 628
2	Boston Edison Company	0. 89	10. 3	202	57. 9	2. 2	5088	25. 3	1. 555
3	Central Louisiana Electric Co.	1. 43	15. 4	113	53	3. 4	9212	0	1. 058
4	Common wealth Edison Co.	1. 02	11. 2	168	56	0. 3	6423	34. 3	0. 7
5	Consolidated Edison Co.	1. 49	8. 8	1. 92	51. 2	1	3300	15. 6	2. 044
6	Florida Power and Light	1. 32	13. 5	111	60	-2. 2	11127	22. 5	1. 241
7	Hawaiian Electric Co.	1. 22	12. 2	175	67. 6	2. 2	7642	0	1. 652
8	Idaho Power Co.	1. 1	9. 2	245	57	3. 3	13082	0	0. 309
9	Kentucky Utilities Co.	1. 34	13	168	60. 4	7. 2	8406	0	0. 862
10	Madison Gas & Electric Co.	1. 12	12. 4	197	53	2. 7	6455	39. 2	0. 623
11	Nevada Power Co.	0. 75	7. 5	173	51. 5	6. 5	17441	0	0. 768
12	New England Electric Co.	1. 13	10. 9	178	62	3. 7	6154	0	1. 897
13	Northern States Power Co.	1. 15	12. 7	199	53. 7	6. 4	7179	50. 2	0. 527
14	Oklahoma Gas and Electric Co.	1. 09	12	96	49. 8	1. 4	9673	0	0. 588
15	Pacific Gas & Electric Co.	0. 96	7. 6	164	62. 2	-0. 1	6468	0. 9	1. 4
16	Puget Sound Power & Light Co.	1. 16	9. 9	252	56	9. 2	15991	0	0. 62
17	San Diego Gas & Electric Co.	0. 76	6. 4	136	61. 9	9	5714	8. 3	1. 92
18	The Southern Co.	1. 05	12. 6	150	56. 7	2. 7	10140	0	1. 108
19	Texas Utilities Co.	1. 16	11. 7	104	54	-2. 1	13507	0	0. 636
20	Wisconsin Electric Power Co.	1. 2	11. 8	148	59. 9	3. 5	7297	41. 1	0. 702
21	United Illuminating Co.	1. 04	8. 6	204	61	3. 5	6650	0	2. 116
22	Virginia Electric & Power Co.	1. 07	9. 3	1784	54. 3	5. 9	10093	26. 6	1. 306

表 12. 2　　变量解释

X1	固定收费比率（收入/债务）
X2	资本回报率
X3	每千瓦发电成本
X4	年度装机因素

表 12.2(续)

X5	1974 – 1975 年度的千瓦时需求增长峰值
X6	销售数量（每年消费电量）
X7	核能所占的%数
X8	所有燃料成本(美分/千瓦时)

不管我们用什么技术进行分类,我们需要先定义一个公司和公司之间距离的测度,这一测度可确保相似的公司之间的距离短,不相似的公司之间的距离长。基于连续变量的一个众所周知的距离测度就是先把变量数值标准化(或者正态化),即变量数值减去均值再除以标准偏差的值(有时用范围——即最大最小值之间的差),然后,用欧氏测度来计算出物体之间的距离。

对象 i 和 j 具有正态化变量值 $(x_{i1},x_{i2},\cdots,x_{ip})$ 和 $(x_{j1},x_{j2},\cdots,x_{jp})$,二者之间的欧氏距离 d_{ij} 定义为

$$d_{ij} = \sqrt{(x_{i1} - x_{j1})^2 + (x_{i2} - x_{j2})^2 + \cdots + (x_{ip} - x_{jp})^2}$$

这个例子中的所有变量都是连续的,所以我们可以用这个公式来计算距离,计算的结果列于表 12.3。

如果我们认为某些变量比其他变量更重要,可以利用权重(正数且相加等于1)乘以差的平方项进行修正,对重要的变量使用较大的权重。加权的欧氏距离为

$$d_{ij} = \sqrt{w_1(x_{i1} - x_{j1})^2 + w_2(x_{i2} - x_{j2})^2 + \cdots + w_p(x_{ip} - x_{jp})^2}$$

其中 $w_1,w_2,\cdots,w_p$ 是变量 1,2,…,p 的权重, $wi \geqslant 0$, $\sum_{i=1}^{p} w_i = 1$。

表 12.3　　基于标准化变量值的距离

	1	2	3	4	5	6	7	8	9	10	11	12	13	14	15	16	17	18	19	20	21	22
1	0.0	3.1	3.7	2.5	4.1	3.6	3.9	2.7	3.3	3.1	3.5	3.2	4.0	2.1	2.6	4.0	4.4	1.9	2.4	3.2	3.5	2.5
2	3.1	0.0	4.9	2.2	3.9	4.2	3.4	3.9	4.0	2.7	4.8	2.4	3.4	4.3	2.5	4.8	3.6	2.9	4.6	3.0	2.3	2.4
3	3.7	4.9	0.0	4.1	4.5	3.0	4.2	5.0	2.8	3.9	5.9	4.0	4.4	2.7	5.2	5.3	6.4	2.7	3.2	3.7	5.1	4.1
4	2.5	2.2	4.1	0.0	4.1	3.2	4.0	3.7	3.8	1.5	4.9	3.5	2.6	3.2	3.2	5.0	4.9	2.7	3.5	1.8	3.9	2.6
5	4.1	3.9	4.5	4.1	0.0	4.6	4.6	5.2	4.5	4.0	6.5	3.6	4.8	4.8	4.3	5.8	5.6	4.3	5.1	4.4	3.6	3.8
6	3.6	4.2	3.0	3.2	4.6	0.0	3.4	4.9	3.7	3.8	6.0	3.7	4.6	3.5	4.1	5.8	6.1	2.9	2.6	2.9	4.6	4.0
7	3.9	3.4	4.2	4.0	4.6	3.4	0.0	4.4	2.8	4.5	6.0	1.7	5.0	4.9	2.9	5.0	4.6	2.9	4.5	3.5	2.7	4.0
8	2.7	3.9	5.0	3.7	5.2	4.9	4.4	0.0	3.6	3.7	3.5	4.1	4.1	4.3	3.8	2.2	5.4	3.2	4.1	4.1	4.0	3.2
9	3.3	4.0	2.8	3.8	4.5	3.7	2.8	3.6	0.0	3.6	5.2	2.7	3.7	3.8	4.1	3.6	4.9	2.4	4.1	2.9	3.7	3.2
10	3.1	2.7	3.9	1.5	4.0	3.8	4.5	3.7	3.6	0.0	5.1	3.9	1.4	3.6	4.3	4.5	5.5	3.1	4.1	2.1	4.4	2.6
11	3.5	4.8	5.9	4.9	6.5	6.0	6.0	3.5	5.2	5.1	0.0	5.2	5.3	4.3	4.7	3.4	4.8	3.9	4.5	5.4	4.9	3.4

表 12.3(续)

	1	2	3	4	5	6	7	8	9	10	11	12	13	14	15	16	17	18	19	20	21	22
12	3.2	2.4	4.0	3.5	3.6	3.7	1.7	4.1	2.7	3.9	5.2	0.0	4.5	4.3	2.3	4.6	3.5	2.5	4.4	3.4	1.4	3.0
13	4.0	3.4	4.4	2.6	4.8	4.6	5.0	4.1	3.7	1.4	5.3	4.5	0.0	4.4	5.1	4.4	5.6	3.8	5.0	2.2	4.9	2.7
14	2.1	4.3	2.7	3.2	4.8	3.5	4.9	4.3	3.8	3.6	4.3	4.3	4.4	0.0	4.2	5.2	5.6	2.3	1.9	3.7	4.9	3.5
15	2.6	2.5	5.2	3.2	4.3	4.1	2.9	3.8	4.1	4.3	4.7	2.3	5.1	4.2	0.0	5.2	3.4	3.0	4.0	3.8	2.1	3.4
16	4.0	4.8	5.3	5.0	5.8	5.8	5.0	2.2	3.6	4.5	3.4	4.6	4.4	5.2	5.2	0.0	5.6	4.0	5.2	4.8	4.6	3.5
17	4.4	3.6	6.4	4.9	5.6	6.1	4.6	5.4	4.9	5.5	4.8	3.5	5.6	5.6	3.4	5.6	0.0	4.4	6.1	4.9	3.1	3.6
18	1.9	2.9	2.7	2.7	4.3	2.9	2.9	3.2	2.4	3.1	3.9	2.5	3.8	2.3	3.0	4.0	4.4	0.0	2.5	2.9	3.2	2.5
19	2.4	4.6	3.2	3.5	5.1	2.6	4.5	4.1	4.1	4.1	4.5	4.4	5.0	1.9	4.0	5.2	6.1	2.5	0.0	3.9	5.0	4.0
20	3.2	3.0	3.7	1.8	4.4	2.9	3.5	4.1	2.9	2.1	5.4	3.4	2.2	3.7	3.8	4.8	4.9	2.9	3.9	0.0	4.1	2.6
21	3.5	2.3	5.1	3.9	3.6	4.6	2.7	4.0	3.7	4.4	4.9	1.4	4.9	4.9	2.1	4.6	3.1	3.2	5.0	4.1	0.0	3.0
22	2.5	2.4	4.1	2.6	3.8	4.0	4.0	3.2	3.2	2.6	3.4	3.0	2.7	3.5	3.4	3.5	3.6	2.5	4.0	2.6	3.0	0.0

目前人们已经提出了许多种利用距离大小进行分类的技术。其中最重要的有层次聚类、最优化聚类和混合模型聚类。在此我们将讨论前一种技术。

12.3 层次聚类法

有两种主要的层次技术:分裂和聚合。聚合层次技术应用的更为广泛。这类技术背后的思想是,每一个类起初只有一个对象,然后逐步地聚合(或者合并)两个最近的类直到只剩下包括所有对象的一个类。类的远近是根据类之间的距离测度决定的。

我们如何测量类与类之间的距离呢?所有的聚合方法都需要给定一个要分类的对象之间的距离测度。由对象之间的这一距离测度构建类与类之间的距离测度。各种聚合技术的唯一区别是它们定义的类与类之间距离测度的不同。最流行的聚合技术有以下几种。

12.3.1 最近邻近点(单一连接)

在此两类之间的距离被定义为两个类的最近两个对象(一类一个)的距离。如果类 A 是一个集合,其包括对象有 $A_1, A_2, \cdots, A_m$, 类 B 是一个集合,其包括的对象有 $B_1, \cdots, B_n$, A 和 B 之间的单一联结距离为

$$Min\{\text{distance}(A_i, B_j) \mid i = 1,2,\cdots,m;\ j = 1,2,\cdots,n\}$$

这种方法在早期会把离得很远的对象聚合到一起,因为一连串的中间对象都在这个类里。当把这些对象放到空间中,这样的类看起来就像长长的香肠。

12.3.2 最远邻近点(完全连接)

在此两类之间的距离被定义为两个类的最远两个对象(一类一个)的距离。如果类 A 是一个集合,其包括的对象有 $A_1,A_2,\cdots,A_m$,类 B 是一个集合,其包括的对象有 $B_1,\cdots,B_n$,A 和 B 之间的完全联结距离为

$Max\{\text{distance}(A_i,B_j) \mid i = 1,2,\cdots,m;\ j = 1,2,\cdots,n\}$

这种方法在早期把两两之间距离在一定范围内的对象聚合成一类。当把这些物体放到空间中,这样的类看起来大致像个球形。

12.3.3 类间平均(平均连接)

在此两类之间的距离被定义为两个类的所有对象(一类一个)的距离的平均值。如果类 A 是一个集合,其包括的对象有 $A_1,A_2,\cdots,A_m$,类 B 是一个集合,其包括的对象有 $B_1,B_2,\cdots,B_n$,A 和 B 之间的平均连接距离为

$$(1/mn)\sum \text{distance}(A_i,B_j),\ \text{其中}\ i = 1,2,\cdots,m;\ j = 1,2,\cdots,n$$

请注意单连接和完全连接方法的结果只依赖于对象和对象之间距离的大小顺序,因此,它们在经过对象之间距离的单调变换后不会改变。

对于一个任意给定的聚类数,例如我们想要 6 个类,采用最近邻近点类间距离聚类我们会得到如下的聚类

{1,2,4,8,16,10,13,20,7,12,21,15,14,19,18,9,3};{6};{22};{17};{11}和{5}

如果我们想要 5 个聚类,这些类和 6 个类的情况基本相同,除了上面的前两类合并成一个类。总而言之,当我们减少期望的聚类数目时,所有的层次方法均有一些类嵌套在一起。这对于解释聚类是一个有价值的特性,在某些应用中是重要的,比如生物变种的分类方面。

若我们想利用平均连接聚为 6 类,聚类结果为

{1,18,14,19,6,8,3,9,4,20,10,13};{2,7,12,21,15};{17};{5};{22},{16,11}

注意两种方法都识别{5},{17}和{22}为单独分类。聚类倾向于按地理位置分组——例如有南方/北方组{1,18,14,19,6, 8,3,9,4,20,10,13},东部/西部海岸线组{2,7,12,21,15}。

12.4 k—均值算法

构成好的聚类的一个非层次方法要指定一个期望的聚类数,比如说 k,并且

把每一个记录放在其中某一个类里,使得各聚类的散度值最小。一个常用的散度测度是距离每一个聚类的均值的距离之和或者欧氏距离的平方和。这一问题可以设成整数规划问题(请看附录),但是因为具有很多变量的整数规划问题需要大量时间,聚类经常是采用快速近似的方法算出的,这种方法通常给出好的结果(但不一定是最好的)。k—均值算法就是其中之一。

k—均值算法首先把所有记录划分到 k 个类里,下一步修改分类以缩小所有记录到其所属类的均值的距离和。在修改过程中,每一个记录被划分到距离上一次划分的 k 个均值最近的那个均值的类里。这样一来,在新的划分里,距离和严格小于以前的划分。然后计算这些新类的均值,重复上面的修改步骤直到距离和的差距足够的小。这种方法速度很快。有可能出现这样的情况,经过修改后聚类数小于 k 了。在这种情况下,其中一个类(通常是具有最大的距离中心的距离和的类)被分成两类或者更多的类以达到所需要的类数。该算法可以用不同的随机产生的初始划分重新运行以便减少产生不良结果的机会。通常情况下,数据的类的个数是未知的,采用不同的靠近所期望的类数的不同 k 值来运行这个算法是个好主意,这样一来就可以发现距离和随着 k 值增加而减少的情况。对于例 1 取 k = 6 运行 k—均值算法的结果显示如下。采用不同的 k 值所获得的类并没有重叠的现象(这与层次法产生的类不同)。另外,因为初始中心的选择是随机进行的,即使取同样的 k 值,聚类的结果也会不同。

6—均值聚类一次运行的输出结果为聚类 1:{2,10,11,13,14,18};聚类 2:{17,21,22};聚类 3:{5};聚类 4:{3,6,9,12,16,19};聚类 5:{1,4,20};聚类 6:{7,8,15}。

给定 k 分类样品距离的平方和与所有样品离均值的距离平方和的比值是聚类效用的一个有用的测度指标。若比值接近 1.0 说明聚类几乎没有效,若比值很小说明我们有较好的分组。对于给定的 k,距离平方和除以记录到总均值(即 k =1)距离的平方和的比率是对分类有效性的一个有效测度。如果比率接近 1,分类效果不明显,如果很小说明分类效果好。

12.5 相似测度

在聚类分析中有时采用记录之间的相似测度比采用表示二者不相似的距离测度更为自然和方便。一个众所周知的相似测度是相关系数的平方 r_{ij}^2,其定义为

$$r_{ij}^2 \equiv \frac{\sum_{m=1}^{p}(x_{im}-\bar{x}_m)(x_{jm}-\bar{x}_m)}{\sqrt{\sum_{m=1}^{p}(x_{im}-\bar{x}_m)^2\sum_{m=1}^{p}(x_{jm}-\bar{x}_m)^2}}$$

这类测度总是能够转变为距离测度。在上面的例子里,我们可以定义一个距离测度 $d_{ij} = 1 - r_{ij}^2$。

在 x 的变量为二值的情况下,凭直觉,似乎使用相似测度更好。假定我们所有的变量都是二值变量,对于个体 i 和个体 j,如表 12.4 所示。

表 12.4　　所有变量都是二值变量的情况

		Individual j		
		0	1	
Individual i	0	A	b	$a+b$
	1	C	d	$c+d$
		$a+c$	$b+d$	p

在这种情况下最常用的相似测度为:

(1)匹配系数,$(a+d)/p$。

(2)Jaquard 系数,$d/(b+c+d)$。这个系数忽略了 0 和 0 的匹配。这是我们所期望的,我们不会因为两个个体的特性不多就简单地认为他们相似。

当 x 的变量不单一的时候,Gower 建议的相似系数非常有用。个体 i 和个体 j 的相似度被定义为

$$s_{ij} = \frac{\sum_{m=1}^{p}\omega_{ijm}s_{ijm}}{\sum_{m=1}^{p}\omega_{ijm}}$$

其中 s_{ijm} 是第 m 个变量的贡献。ω_{ijm} 通常是 1 或者 0,取决于在第 m 个变量上的比较是否有效;如果差分变量权重 ω_{ijm} 被单独给出,它就是第 m 个变量的权重或者是 0,如果比较无效。

请注意,分母 $\sum_{m=1}^{p}\omega_{ijm}$ 的作用就是让相似分数的和除以变量数;或者除以权重的和如果变量权重给出的话。以下是对各种变量的 s_{ijm} 和 ω_{ijm} 定义的进一步解释。

(1)有序变量和连续变量

Gower 对有序变量和连续变量的 s_{ijm} 给出的定义如下

$$s_{ijm} = 1 - |x_{im} - x_{jm}| / r_m$$

其中,r_m 是第 m 个变量的极差。对于连续变量 s_{ijm} 的取值范围在 0 和 1 之

间，对于 $x_{im} = x_{jm}$ 其值为1，对于 x_{im} 和 x_{jm} 分别取到最大和最小值 $s_{ijm} = 0$。

(2)二值变量

Gower 对二值变量的 s_{ijm} 和 ω_{ijm} 给出的定义如表 12.5。其中 + 表示属性 m "存在"，- 表示属性 m"不存在"。

表 12.5 二值变量的相似系数

	属性 m 的值			
个体 i	+	+	-	-
个体 j	+	-	+	-
s_{ijm}	1	0	0	0
ω_{ijm}	1	1	1	0

如果所有的变量都是二值变量，那么 Gower 的相似系数和 Jaquard 的相似系数等价。

(3)名义变量

对于名义变量，如果 $x_{im} = x_{jm}$ 那么 $s_{ijm} = 1$，否则 $s_{ijm} = 0$。也就是说，个体 i 和个体 j 在属性 m 上的"状态"相同时 $s_{ijm} = 1$，"状态"不相同时 $s_{ijm} = 0$。当两个个体的属性 m 均有值时，$\omega_{ijm} = 1$。

12.6 其他的距离测度

除了欧氏距离之外，另外几个满足三角不等式的有用的不相似测度是：

(1)马氏(Mahalanobis)距离，定义为

$$d_{ij} = \sqrt{(x_i - x_j) S^{-1} (x_i - x_j)}$$

这里 x_i 和 x_j 都是由变量组成的 p 维向量，S 是这两个向量的协方差矩阵。该测度考虑到了变量之间的相关性。在这个测度里，和其他变量高度相关的变量的影响比其他不相关的或者轻度相关的向量的影响小得多。

(2)Manhattan 距离，定义为

$$dij = \sum_{m=1}^{p} |x_{im} - x_{jm}|$$

(3)最大坐标距离，定义为

$$dij = \max_{m=1,2,\cdots,p} |x_{im} - x_{jm}|$$

附录:西南财大数据挖掘系统的聚类分析

在此我们使用 20 种啤酒的测量数据进行聚类,如表 12.6 所示。

表 12.6　　20 种啤酒 4 个特征的数据

啤酒名	热量	钠含量	酒精	价格
Budweiser	144	19	4.7	0.43
Schlitz	181	19	4.9	0.43
Ionenbrau	157	15	4.9	0.48
Kronensourc	170	7	5.2	0.73
Heineken	152	11	5	0.77
Old – milnaukee	145	23	4.6	0.26
Aucsberger	175	24	5.5	0.4
Strchs – bohemi	149	27	4.7	0.42
Miller – lite	99	10	4.3	0.43
Sudeiser – lich	113	6	3.7	0.44
Coors	140	16	4.6	0.44
Coorslicht	102	15	4.1	0.46
Michelos – lich	135	11	4.2	0.5
Secrs	150	19	4.7	0.76
Kkirin	149	6	5	0.79
Pabst – extra – l	68	15	2.3	0.36
Hamms	136	19	4.4	0.43
Heilemans – old	144	24	4.9	0.43
Olympia – gold –	72	6	2.9	0.46
Schlite – light	97	7	4.2	0.47

在把数据读入挖掘系统后,点击“无约束学习”菜单,选择“聚类分析”选项,你会得到如图 12.1 的界面。

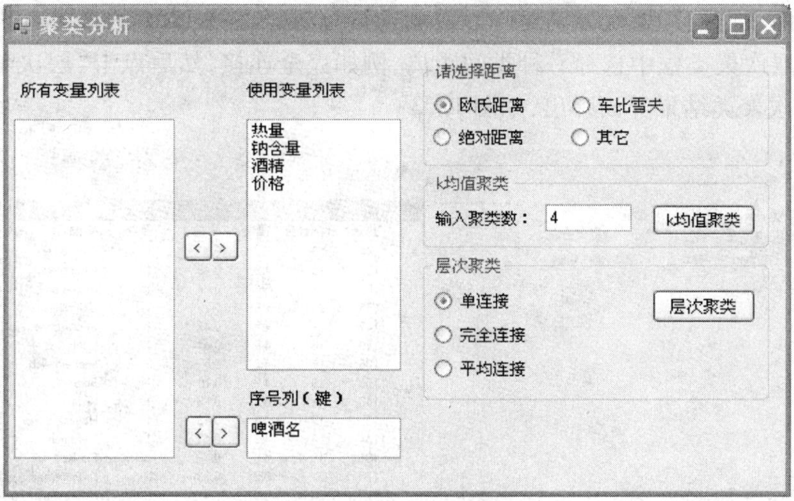

聚类分析

所有变量列表

使用变量列表

热量
钠含量
酒精
价格

序号列(键)

啤酒名

请选择距离

◉ 欧氏距离 ○ 车比雪夫
○ 绝对距离 ○ 其它

k均值聚类

输入聚类数: 4 [k均值聚类]

层次聚类

◉ 单连接
○ 完全连接
○ 平均连接
[层次聚类]

图 12.1　**聚类分析设置界面**

不管是 k 均值聚类还是层次聚类,首先我们要从数据集合的变量中选择测量变量和序号变量。在我们的例子中是要对啤酒进行聚类,因此啤酒名变量就是我们的序号变量,其他的几个变量放入使用变量列表。点与点之间的距离在选择距离框中选择,我们采用欧氏距离。

下面我们先作 k 均值聚类分析。在 k 均值聚类框中的输入聚类数旁的域中填入 4(k=4),点击"k 均值聚类"按钮。k 均值聚类结果界面弹出。在这个界面上列出了各个聚类的啤酒品牌数量、聚类过程形成的聚类中心以及聚类结果。如果想把这些结果存盘,点击"聚类存盘"按钮系统将把该分析的这些结果存入文本文件或者 excel 表格。图 12.2 是 k 均值聚类的聚类结果界面。

k均值聚类结果

聚类记录数 [聚类存盘]

聚类1	聚类2	聚类3	聚类4
3	2	7	8

均值聚类中心

	聚类1	聚类2	聚类3	聚类4
热量	133	70	130.714	153
钠含量	15.333	10.5	8.286	21.75
酒精	4.533	2.6	4.514	4.8
价格	0.46	0.41	0.59	0.445

热量	钠含量	酒精	价格	V 聚类	啤酒名
157	15	4.9	0.48	1	Ionenbrau
140	16	4.6	0.44	1	Coors
102	15	4.1	0.46	1	Coorslicht
68	15	2.3	0.36	2	Pabst-extra-l
72	6	2.9	0.46	2	Olympia-gold
170	7	5.2	0.73	3	Kronensourc
152	11	5	0.77	3	Heineken
99	10	4.3	0.43	3	Miller-lite
113	6	3.7	0.44	3	Sudeiser-lich
135	11	4.2	0.5	3	Michelos-lich
149	6	5	0.79	3	Kkirin
97	7	4.2	0.47	3	Schlite-light
144	19	4.7	0.43	4	Budweiser
181	19	4.9	0.43	4	Schlitz
145	23	4.6	0.26	4	Old-milnauke
175	24	5.5	0.4	4	Aucsberger
149	27	4.7	0.42	4	Strchs-bohe
150	19	4.7	0.76	4	Secrs
136	19	4.4	0.43	4	Hamms
144	24	4.9	0.43	4	Heilemans-ol

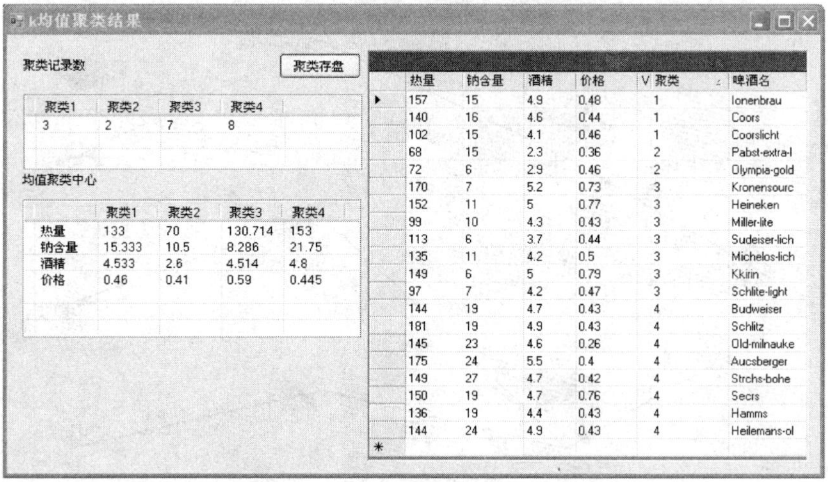

图 12.2　**k 均值聚类的聚类结果界面**

下面我们使用层次聚类对啤酒数据进行分析。在图 12.1 的聚类分析设置界面的层次聚类框中选择一种类间距离，例如完全连接，然后点击“层次聚类按钮”，层次聚类结果界面弹出，如图 12.3。

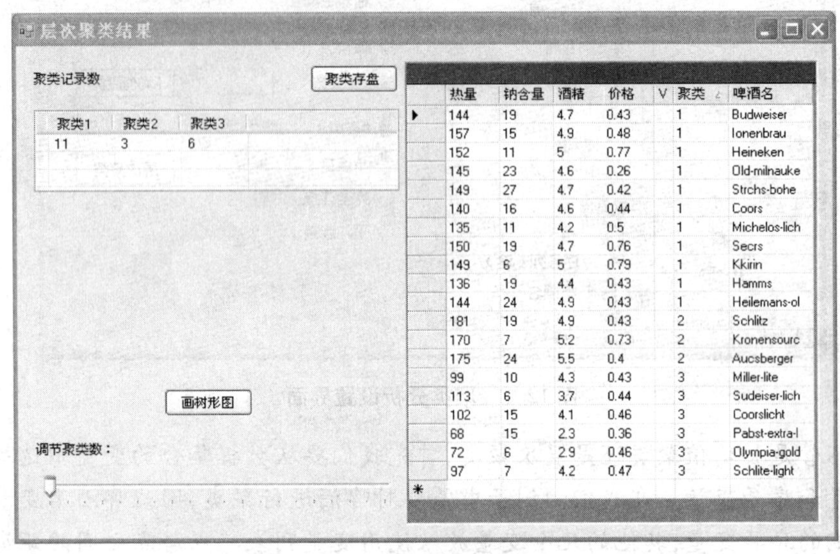

热量	钠含量	酒精	价格	V	聚类	啤酒名
144	19	4.7	0.43		1	Budweiser
157	15	4.9	0.48		1	lonenbrau
152	11	5	0.77		1	Heineken
145	23	4.6	0.26		1	Old-milnauke
149	27	4.7	0.42		1	Strchs-bohe
140	16	4.6	0.44		1	Coors
135	11	4.2	0.5		1	Michelos-lich
150	19	4.7	0.76		1	Secrs
149	6	5	0.79		1	Kkirin
136	19	4.4	0.43		1	Hamms
144	24	4.9	0.43		1	Heilemans-ol
181	19	4.9	0.43		2	Schlitz
170	7	5.2	0.73		2	Kronensourc
175	24	5.5	0.4		2	Aucsberger
99	10	4.3	0.43		3	Miller-lite
113	6	3.7	0.44		3	Sudeiser-lich
102	15	4.1	0.46		3	Coorslicht
68	15	2.3	0.36		3	Pabst-extra-l
72	6	2.9	0.46		3	Olympia-gold
97	7	4.2	0.47		3	Schlite-light

图 12.3　层次聚类结果界面

在层次聚类结果界面的左下部有一个按钮“画树形图”，点击这个按钮，含有 3 个聚类的树形图显现。如果想要 4 个聚类，可以把层次聚类结果界面左下角的调节聚类数滑标滑动到适当位置，这样树形图会出现 4 个聚类时的聚合情况，层次聚类结果界面上有关的聚类结果也会自动改变。图 12.4 是有 4 个聚类的树形图。

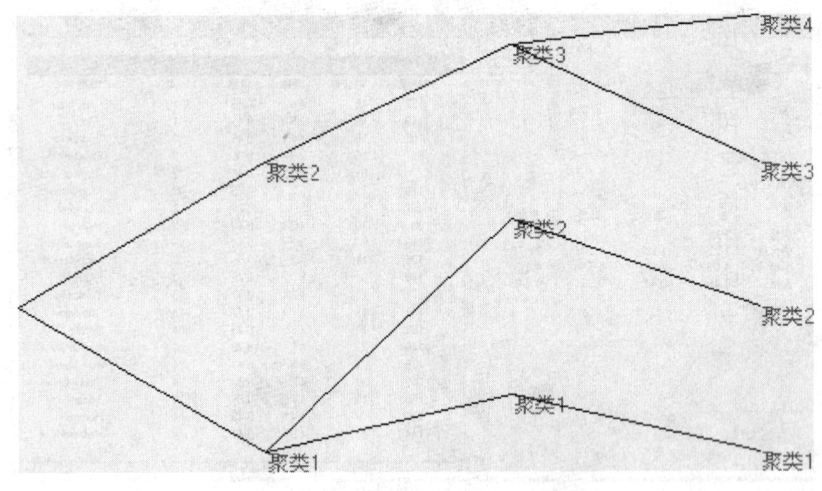

图 12.4　有 4 个聚类的树形图

图书在版编目(CIP)数据

数据挖掘教程/李保坤,张丽娟编著.—成都:西南财经大学出版社,2009.7

ISBN 978-7-81138-440-6

Ⅰ.数… Ⅱ.①李…②张… Ⅲ.数据采集—教材 Ⅳ.TP274

中国版本图书馆 CIP 数据核字(2009)第 120169 号

数据挖掘教程

李保坤 张丽娟 编著

责任编辑:于海生 黄慧英

封面设计:杨红鹰

责任印制:封俊川

出版发行:	西南财经大学出版社(四川省成都市光华村街 55 号)
网　　址:	http://www.bookcj.com
电子邮件:	bookcj@foxmail.com
邮政编码:	610074
电　　话:	028-87353785 87352368
印　　刷:	郫县犀浦印刷厂
成品尺寸:	170mm×240mm
印　　张:	9
字　　数:	165 千字
版　　次:	2009 年 7 月第 1 版
印　　次:	2009 年 7 月第 1 次印刷
印　　数:	1—2000 册
书　　号:	ISBN 978-7-81138-440-6
定　　价:	18.00 元